名侦探

之

化学探秘

APTX4869
的
秘密

海 / 编著

化学工业出版社

·北京·

图书在版编目（CIP）数据

名侦探之化学探秘 . APTX4869的秘密 / 徐海编著
北京：化学工业出版社，2017.10（2025.4重印）
（名侦探带你学科学）
ISBN 978-7-122-30411-7

I.①名… II.①徐… III.①化学-青少年读物 IV.①O6-49

中国版本图书馆CIP数据核字（2017）第190854号

长沙市人才发展专项资金资助

责任编辑：成荣霞　　　　　　　　　　　文字编辑：昝景岩
责任校对：宋　玮　　　　　　　　　　　装帧设计：孙　沁

出版发行：化学工业出版社（北京市东城区青年湖南街13号　邮政编码100011）
印　　装：北京建宏印刷有限公司
710mm×1000mm　1/16　印张8$\frac{3}{4}$　字数166千字
2025年4月北京第1版第8次印刷

购书咨询：010-64518888　　　　　　　　售后服务：010-64518899
网　　址：http://www.cip.com.cn
凡购买本书，如有缺损质量问题，本社销售中心负责调换。

定　　价：59.80元　　　　　　　　　　　版权所有　违者必究

序

随着社会的进步与发展，人文教育与科学教学的相互融合已成为时代的要求，加强人文教育已经成为高校教育改革的主要内容之一。科学人文素质教育对学生的成长无疑是极其重要的，它不仅可以提高学生的科学文化素质与人文素质，还可以引导学生对社会、伦理、环境文化等问题进行深层的思考与探究。

《名侦探柯南》是广大学生中认知度最高的动漫之一，与其他动漫不同，它是一部蕴含着丰富的科学知识特别是化学知识的推理动漫；并且，看过《名侦探柯南》的学生都知道，动漫主角——柯南是一名当之无愧的"学霸"，不光是化学，物理、数学、天文、地理、音乐等知识他也几乎是无所不知的。因此，《名侦探柯南》的引入将进一步提升课堂的趣味性。

中南大学的徐海老师在承担的科学人文类课程——"名侦探柯南与化学探秘"等课程的教学过程中积极尝试与探索，实行了通过动漫等形式激发学生兴趣来开展教学的创新型人文教育模式：每个章节恰当选取《名侦探柯南》动漫中的相关剧情，剪辑形成回顾关键知识点的动画视频，对其中的科学知识点进行具体深入的阐述，取得了非常好的教学效果。这一新颖的教学模式得到了包括《人民日报》《央视新闻》以及新华社等数十家媒体的正面报道并给予好评，这一模式为教学多样化打开了一扇新的窗口。

十多年前，徐海老师在中国科学院化学研究所攻读博士期间，我就认识了他，他为人诚恳、认真、踏实、热忱。这次他把"名侦探柯南与化学探秘"课程的相关内容改编成科普图书，这样不仅仅是中南大学的学生可以通过学习徐海老师的课程来提升科学人文素质，而且世界各地的学生都可以通过本书来系统地学习相关的科学知识，这也为更多喜爱柯南的学生带来了福音。

中国科学院院士
中国化学会理事长

前言

《名侦探带你学科学》介绍

真相只有一个！

这句经典名言复刻在每一位柯南迷的脑海里，陪伴着我们走过一个又一个青葱岁月。依稀记得那时，每天在电视机前静静守候的快乐，还有闲暇时和同学们讨论剧情的兴奋……从1999年《名侦探柯南》动画片引入中国大陆以来，历经多年的风雨路程，柯南带给了我们许多许多，除了对那些美好日子的怀恋，也富含对生命的思考，以及丰富的科学知识，尤其是化学知识！

在进入正餐之前，让我们先来点开胃菜，了解一下那个永远也长不大的小男孩吧。

《名侦探柯南》（名探偵コナン；Detective Conan）最早是1994年开始在日本小学馆的漫画杂志《周刊少年Sunday》上连载的一部以侦探推理情节为主题的漫画作品，作者为青山刚昌，动画作品则是1996年开始在日本读卖电视台播放，现已发展出真人版、剧场版、OVA等多种版本，如今更是在上海开设了主题馆，吸引了众多柯南迷的驻足围观。

《名侦探柯南》的主角江户川柯南是一名小学一年级的学生，却有着超乎常人的推理头脑。这当然不是因为基因变异，也与任何外星学说无关，之所以会出现这种情况，是因为他的实际身份是高中生侦探工藤新一！

熟悉的故事总是有着熟悉的背景和新奇的设定。《名侦探柯南》也不例外。高中生侦探工藤新一与儿时的玩伴小兰在约会时，目击了一群诡异的黑衣人。他独自跟踪这群人并发现他们正在进行非法交易，没想到却遭到黑衣人同伙的袭击并被迫吞下了毒药。虽然他勉强保住了一命，醒来却发现自己变成少年的模样！在阿笠博士的协助下他隐姓埋名，寄住在名侦探同时也是小兰父亲的毛利小五郎家中，为了揪出这群黑衣人而挑战各种离奇的事件。

一部漫画之所以精彩，除了引人入胜的剧情，丝丝入扣的推理，当然还有性格迥异的人物角色。剧中的主角江户川柯南（真名工藤新一）由于被黑衣人灌下身体缩小的毒药APTX4869而回到了发育期的孩童状态，为了躲避追杀，只能暂时化名为"江户川柯南"寄住在其青梅竹马玩伴——毛利兰的家中。他自称七岁，现在帝丹小学1年级B班就读。身体缩小前的新一是著名推理作家工藤优作和红极一时的女星工藤有希子（旧姓滕峰）所生之子。他是高中生兼侦探，也是东京警视厅警部目暮的重要助手，推理能力一流，足球球技也胜人一筹，却是个不折不扣的大音痴。与他青梅竹马的毛利兰，是个内心善良坚强的女孩，还是学校空手道部的主将，曾获关东空手道大赛优胜。其父毛利小五郎曾担任刑警，现改行当私人侦探，开设"毛利侦探事务所"；因柯南用麻醉枪使其麻醉后以小五郎的名义屡破奇案，被称为"沉睡的小五郎"。

除了主角柯南，还有他的一众好友及对手。热衷于科学实验的发明家阿笠博士是个52岁仍然单身的可爱老头，他为柯南发明了许多有用的特种工具；与柯南一样因服下APTX4869而身体缩小的灰原哀本身就是此药的研制者，因不满黑衣组织而出逃，现寄住在博士家里，并以柯南同学的身份生活，她也是目前《名侦探柯南》中最出色的化学家。另外，可爱的少年侦探团，关西的名侦探服部平次和他的青梅竹马远山和叶，帅气的怪盗基德，警视厅的一众刑警，都是令人牵肠挂肚的角色，当然还有神秘的黑衣组织……

《名侦探柯南》作为一部以推理为核心的漫画，其中蕴藏的各种知识可谓不少。剧中的主人公柯南具有高超的侦破与推理能力，当然这与他具有丰富的科学知识特别是化学知识密切相关。APTX4869真的能返老还童吗？为什么喝白干酒有可能解除它的毒性呢？经常看柯南的朋友们是不是对工藤有希子的易容术印象深刻啊？易容术这种东西，它的原理到底是什么？小兰面对着情人节无法送出的巧克力潸然泪下，为什么巧克力代表了爱情，为什么吃了它会有一种恋爱般的幸福感？2008年中国南方遭遇冰雪灾害，由于缺乏融雪剂，以致灾害没能得到及时缓解，那么常用的融雪剂有哪些？它们的融雪原理是什么？节庆日在空中绽放的璀璨烟火，短暂却美丽，它是由什么组成的？这样的问题比比皆是，而其中的答案不在别处，就在《名侦探柯南》动画片里，更在这套"名侦探带你学科学"的书中。仅是略微细想，就能了解，科学尤其化学才不是什么恐怖的妖魔鬼怪，而是与我们生活息息相关的好朋友。有句俗语说得好："生活中并不缺少美，只是缺少发现美的眼睛。"《名侦探柯南》里的科学知识还有很多很多，等待着我们去慢慢发现。

徐老师特别提醒你，看动画片要有选择、有节制，关注健康，保护视力。要听家长的话哟！

最后，感谢长沙市科学技术协会和湖南省科技计划项目2017ZK3014的支持。

徐海

目录

❶ 该章有网络 MOOC 视频供观看。

1

APTX4869
与返老还童的传说
· Jeova Sanctus Unus[1]
——《云霄飞车杀人事件》

跟小兰温剧情

　　在《名侦探柯南》动画片《云霄飞车杀人事件》剧集中，高中生侦探工藤新一与青梅竹马的小兰一起在热带乐园游玩，在玩云霄飞车的时候遇到一起杀人案件。工藤新一协助目暮警官完美地破了此案。随后他与小兰共同游园时，发现曾出现在云霄飞车上的两名黑衣男子形迹可疑，便跟踪他们到安静处，目睹了黑衣男子和另一人的私下交易。但是新一只关注眼前，没有提防身后走来的黑衣男子的同伙，被打晕并被灌下了黑衣组织新开发的、尚在测试阶段的毒药——APTX4869。在喝下这种药之后，新一的身体缩小到小学一年级学生体型大小，变成了江户川柯南，暂时寄住到青梅竹马的小兰家。身体虽然变小了，但头脑依然是那么的灵光，这就是"名侦探柯南"的由来。

　　话说身体变小后，在破案过程中柯南常常被犯罪分子认为是小学生不懂事而轻视，从而为案件的解决带来了便利。当然，我们的柯南君也会常常卖个萌，给大家带来了许多欢乐；并且为观众们带来了少年侦探团十分可爱的几位小朋友，也扩展了后期剧情。

扫一扫，观看本章
网络 MOOC 视频

---

❶　Jeova Sanctus Unus，意为"神选之子"，是牛顿将他的拉丁文名字 Issacus Neutonuus 通过换音造词的方式得到的，是牛顿曾经用过的一个假名。牛顿毕生致力于对炼金术的研究，他有一句被世界选择性遗忘的名言："我的一生，是为了证明上帝存在而工作。"牛顿，最后一位炼金术士，Jeova Sanctus Unus，对炼金术的发展做出了最后的贡献。本文中所讲到的 APTX4869 与炼金术的目的不谋而合，它们与自然归老的法则相悖，可以说是促人逆向生长的催化剂，他们都是神选之子，听从神的旨意去追求神的永生。

跟光彦学知识

　　APTX4869 这种化学药剂使高中生工藤新一变成了小学生江户川柯南，这也是《名侦探柯南》之所以存在的关键因素。APTX4869 的名称是怎么来的呢？APTX 的全称是"APOP TOXIN"，它是 apoptosis（程序性细胞自死，即细胞凋亡）和 toxin（毒素）组合成的词。4869 的日文谐音是"夏洛克"，夏洛克 · 福尔摩斯（Sherlock Holmes），柯南 · 道尔笔下的角色，也是侦探的代名词，所以这也暗指柯南（图1-1）。

　　APTX4869 是由黑衣组织的天才化学家雪莉(Sherry) 在组织中开发出的一种新型毒药。实际上 Sherry 也是《名侦探柯南》中最出色的化学家。根据黑衣组织人物琴酒在第 1 集中透露的，这种毒药是不会被检测出来的，但由于尚在测试阶段，并不知道还可能对部分服用者产生使身体缩小的效果。在后续的动画剧集中，灰原哀——缩小后的 Sherry——说在测试阶段曾有一只小白鼠的身体缩小了。目前已知的服用 APTX4869 后缩小的人物只有工藤新一和 Sherry。另外一位神秘人物——黑衣组织的贝尔摩德也被推测服用了此药。因为根据 FBI（美国联邦调查局）的调查，贝尔摩德的指纹与其母亲的指纹有着非常高的相似度，已经超越了生物上母女应有的匹配率，所以有很大一部分观众认为，贝尔摩德也服用了这种药物，保住了青春。顺便再提一下，贝尔摩德的名言是"A secret makes a woman woman"（秘密使女人更有女人味），言外之意，可能是指她服用了此药，因此永葆青春。

　　目前较多人的推测是 APTX4869 可能是一种结构与生长激素类似的缩醛。

图1-1　阿瑟 · 柯南 · 道尔（左）及其笔下的夏洛克 · 福尔摩斯（右）

在胃液中氢离子的催化下缩醛能分解成醛与醇，大多数人服用 APTX4869 会中毒死亡。但少数人体内有分解这种醛的酶，因此仍然能存活。现实生活中，有一部分人喝酒后会脸红是因为体内缺少乙醛脱氢酶，因此，有毒的乙醛随着酒中的乙醇氧化后产生并不断累积从而导致乙醛中毒，出现脸变红的现象。另外，由于 APTX4869 的结构类似于生长激素，可能具有一定的生理活性，从而使剧中的人物服用后身体变小（柯南、灰原哀）或者变年轻（贝尔摩德）。

APTX4869 在动画片中是存在解药的。柯南发现，只要在感冒的时候喝下白干酒就能变回工藤新一的样子，但是过不久还是会恢复，而且在柯南恢复时会很痛苦。这在外交官杀人案等剧集中有过提及。灰原哀根据白干酒的原理，制备了实验解药，大约可持续 24 小时，这可能是因为乙醇完全被消化系统吸收后不再起作用。

APTX4869 是导致柯南缩小的原因，那么柯南缩小的生物学原理又是什么呢？用排除法选择过多种猜想之后，较为普遍接受的原理是细胞凋亡学说。传统上认为细胞的死亡可以分为"凋亡"和"坏死"。通常在病理条件下产生的细胞的被动死亡即为细胞坏死。而细胞凋亡则是指细胞的"自动性"死亡，也可以理解为"自杀"。

一个细胞的凋亡不会影响到周围的细胞，而且细胞的凋亡在很多情况下是基因已经决定了的，到时候了那个细胞就要"死"，就像是已经编好的程序一样。例如蝌蚪变化成青蛙时尾部消失的现象；人体的手指形成初期，指间的类似蹼一样的部分消失，这部分的细胞凋亡，形成了手指。这都是基因控制的结果（图 1-2）。

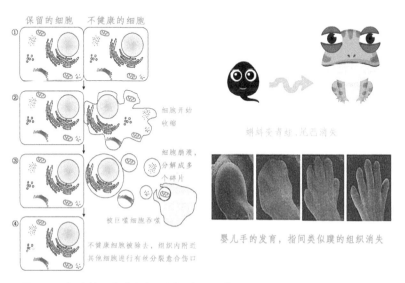

图 1-2　细胞的凋亡（左）、蝌蚪变青蛙（右上）和婴儿手的发育（右下）

另一方面，与细胞的死亡相对应的是细胞可以通过分裂来增殖自身，但是这个分裂是有一定的次数界限的，这个次数的界限显然也是由基因所决定的。一旦细胞的增殖超过这个数值，细胞将不可继续分裂（图1-3）。

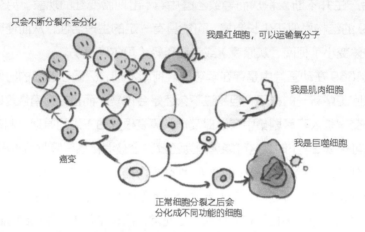

图1-3　细胞的分裂分化

APTX4869 的过程推测为：正如上文所提到的，细胞的分裂是有一定界限的，这个界限的数值由 DNA 上的碱基决定，碱基若是判断为应当自身老化死亡的细胞，则激活相关基因让其凋亡；但是在进行了一定程度的细胞凋亡的基础上，再度被活化的基因促进了年轻化的细胞的增殖——因此造成体细胞整体的年轻化。

当然，APTX4869 也存在着许多疑点。

首先，无论多少年轻细胞增殖，都不会产生"返老还童"的现象。从理论上来讲，这种细胞增殖的过程是一种无序增殖，会产生使身体机能受损的细胞，也就是癌细胞（癌细胞正是一种不受控制的、无序增殖的细胞）。不同的是，正常细胞是依靠基因的程序指令来完成增殖分化的。如果说细胞在凋亡的同时进行有序的增殖，实在是有些不可思议。

其次，神经细胞也会受到影响。神经细胞与身体的其他细胞不同，一旦形成，便不会再分裂，尽管不会再增殖，但每日也不会停止细胞的凋亡。理论上柯南的心智跟没用药前的新一完全一样，这说明了 APTX4869 不会对神经细胞起作用。但是无条件诱发细胞凋亡的 APTX4869，唯独对这个过程例外就有些意外了。

最后，受精后形成，而此后再不进行分裂增殖的细胞除了神经细胞之外还有心肌细胞。如果心肌细胞跟神经细胞同样不起任何变化的话，等于 7 岁的儿童具有 17 岁的心脏。我们知道成人的心脏跟小孩心脏的功能强度是不一样的，用一个这么"高强度"的心脏去给一个小孩子的身体供血，恐怕整个身体的血液循环系统都会十分"吃不消"啊。但如果心肌细胞跟身体同样产生了退化成 7 岁儿童水平的变化的话也会有问题，如此激烈的变化柯南没有被折磨致死也是应该剩下半条命了。事实上，柯南在每次变化的过程中都痛苦万分，灰原哀也说过："你的身体已经对这个药产生了抗体，再继续吃的话，持续时间会越来越短。"这也从某种意义上表明了服用 APTX4869 解药过程中的折磨。

随优作忆典故

上边提到柯南以及灰原哀服用 APTX4869 在一定程度上可实现返老还童的效果。实际上追求返老还童乃至长生不老永葆青春在中国历史上由来已久，在秦朝便有一位实践者，这就是大名鼎鼎的秦始皇。一些影视作品，如《神话》《木乃伊 3》等，都是讲秦始皇追求长生的故事。而最有名的应该算是他追求长生不老药的传说了。公元前 219 年，秦始皇曾坐着船环绕山东半岛，在那里他一直流连了三个月。他听说渤海湾里有三座仙山，叫蓬莱、方丈、瀛洲，在三座仙山上居住着三位仙人，手中有长生不老药。告诉秦始皇这个神奇故事的人叫徐福，他是当地的一个方士，听说他曾经亲眼看到过这三座仙山。为了实现自己不死的梦想，秦始皇派徐福率领上千名童男童女，去东海为他寻求不死仙药。结果，不死仙药没有取得，徐福等人由于不能完成使命，又惧怕秦始皇的暴政，因而漂流于某个海岛上，这个海岛可能就是今天的日本。而与他一同沦落荒岛的童男童女们，据说便是日本民族的祖先。所以坝今日本的文字与秦时小篆极为神似。四年后，即公元前 215 年，秦始皇又找到一个叫卢生的燕人，他是专门从事修仙养道的方士，秦始皇这次派卢生入海求仙与徐福有所不同，徐福是去寻找长生不老药，而这次卢生入海是寻找两位古仙人，一位叫"高誓"，一位叫"羡门"。后来，有个方士说能为秦始皇炼制不死丹药，秦始皇信以为真，花了大量的人力物力请方士为自己炼制不死仙药，结果，秦始皇被骗，方士被杀。秦始皇追求长生的事最终以失败告终（图 1-4）。

受到秦始皇的影响，汉武帝也追求永生，他派人用铜修建了高三十丈、周长一丈七的仙人承露盘，据说用此承露盘接收来的露水混合玉屑服用可以实现人的长生。魏明帝曹叡在汉朝灭亡以后下令将承露台从长安搬迁到洛阳，但可惜的是，在搬迁

图1-4　炼丹者（左）和秦始皇（右）

途中承露台不幸被损毁。若是保存完好，必然是一件不可多得的艺术品。《三国演义》第一百零五回《武侯预伏锦囊计，魏主拆取承露盘》中，对这段历史也有描述。其实承露盘中承接的仙露，不过是由于温差凝结在盘中的水蒸气。至于长生不老的渴望，汉武帝也以失败告终。

雄才大略的秦皇汉武都难免对长生不死进行执着的追求，这也促进了中国炼丹术的兴起。炼丹术是从寻找天然长生药转向人工方法炼制仙丹。非常巧的是，正如APTX4869这种化学药品使柯南返老还童后带来了《名侦探柯南》的故事，中国古代的先人对返老还童、长生不老的追求产生了炼丹术，其实从某种意义上来讲也代表了中国古代化学的萌芽。

那么中国的炼丹家是怎样炼制丹药、熬煮长生之梦的呢？历史上虽然没有确切的记载，但根据晋人编纂的《列仙传》，他们所炼制的原料包括朱砂（硫化汞）、三仙丹（氧化汞）等矿物以及有关辅料，在炼制后能发生颜色或者形貌的变化，这样炼丹家就以为炼出了仙丹。实际上这些所谓的仙丹多为炼成的砷、汞和铅的制剂，吃后不但无法长生不老，反而会中毒，甚至带来生命危险。从另一个意义上讲，吃了这些有毒物质确实会"不老"，因为体内毒素累积太多，往往活不到老年，这对仙丹的效力确实有点讽刺意味。

西汉淮南王刘安，门下有八名食客，相聚于深山老林中炼制丹药。由于丹药服后身体发热，于是众人日夜衣带宽松，大袖飘飘，确实有飘然出尘的感觉；在寒冬也可仅穿单衣，这更让世俗之人倍感神奇；而且炼制丹药的炼丹炉所散发的蒸汽令山上烟云缭绕，颇有仙境之感，八公山便因此出名。相传刘安等八公在此山上修道成仙，炼丹残留的药渣被附近的鸡犬啄食也同时飞升，留下了"一人得道，鸡犬升天"的成语故事，这更为八公山增添了几分神秘色彩。实际上，刘安因叛乱被杀，并未成仙。

三国时期的玄学家何晏，带头服用"五石散"，说是可以强身健体，于是在社会上"服石"之风盛行。由于"五石散"中的主要成分为无机砷化合物，服后浑身发热，甚至要泡在冷水中才能解脱，所以社会上又流行起宽肥的服装，甚至有人索性躲在竹林中，脱光了衣服混日子，还被誉为高士。魏晋时期，服用"五石散"是竹林七贤必需的生活内容（图1-5）。

后来炼丹家们又进一步炼出了砒霜（三氧化二砷，见图1-6)，只要服用少量就可得到同样的"药效"，结果不是中毒就是发病死亡。

用白居易的一首诗就能够很好地诠释各种丹药的"药效"。

图1-5 冷枚（清）《竹林七贤》

> 退之（韩愈）服硫黄，一病讫不痊。
> 微之（元稹）炼秋石，未老身溘然。
> 杜子（杜牧）得丹诀，终日断腥膻。
> 崔君（崔元亮）夸药力，经冬不衣绵。
> 　　或疾或暴夭，悉不过中年。

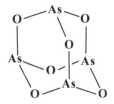

图1-6 砒霜（三氧化二砷）的化学结构

尽管炼丹家们并没有成功地炼制出长生不老的丹药，然而在冶炼合金和制造药物等古代化学的萌芽方面确实取得了很大的成绩。例如西晋的炼丹家葛洪编写了《抱朴子》，是我国现存年代较早且较完整的一部炼丹术著作。葛洪在实践中研究了许多化合物，提到了矾白（明矾）、密陀僧（氧化铅）、丹矾（硫化汞）等。葛洪还发现了一些化学反应，如"丹砂烧之成水银，积变又还成丹砂"。这实际上已经提出了化学反应的可逆性问题；又如"以曾青涂铁，铁赤色如铜"，就描述了铁置换出铜的反应。

西方的炼金术（Alchemy），现代化学之起源

中国是炼丹术的起源地，而西方则产生了炼金术。炼丹术与炼金术的主要区别在于，炼丹术以追求长生不老的"金丹"为目的，而炼金术则以追求财富为目的，即"点石成金"（点金术）。这不能不说是东西方文化差异带来的区别。在中国，炼丹术（古代化学）未能发展成现代化学；而在西方，炼金术被人们认作是现代化学的起源。化学的英文 Chemistry 也有炼金术的含义。

最早的西方炼金术可追溯到古希腊时期，西方炼金术认为金属都是活的有机体，逐渐发展成为十全十美的黄金。这种发展可加以促进，或者用人工仿造。术士们将黄金的灵魂隔离开来，使其转入其他金属。这样贱金属就会具有黄金的形式或特征（主要是表现在金属的颜色上）。因此，贱金属的表面镀上金银就被当作是炼金术者所促成的转化。

炼金术者相信存在着一种物质，能魔术般地使金属出现人所企望的变化。这种物质在其他方面也有着神奇的功效。最著名的可能是魔法石（Philosopher's stone，即贤者之石）了。J.K. 罗琳所著的《哈利·波特与魔法石》提到了一位炼金术士尼可·勒梅（Nicolas Flamel，或译作尼古拉·弗拉梅尔），是邓布利多的朋友，因为炼出了魔法石而借助魔法石的力量以长寿闻名（图 1-7）。伏地

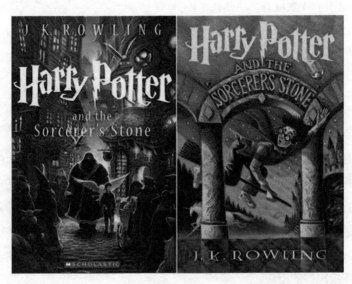

图 1-7　J.K. 罗琳所著的《哈利·波特与魔法石》

魔，在哈利 · 波特系列小说中是穷凶极恶的大魔头，妄图以魔法石的力量来恢复自己的肉身。霍格沃茨魔法学校一年级的新生、大难不死的男孩哈利 · 波特与他的好友赫敏和罗恩共同挫败了伏地魔的阴谋，保住了魔法石。相传，魔法石，亦称之为贤者之石，有口口相传的一种固定的颜色——石榴红色。虽然魔法石在电影中仅有几分钟的镜头，但是它的石榴红色，想必给观众留下深刻的印象。

历史上对炼金术士并没有太多的书面记载，目前可知的最有名的炼金术士是尼古拉 · 弗拉梅尔（Nicolas Flamel，1330—1418），他是唯一一个历史明确记载炼成了魔法石的炼金术士（图1-8）。史书上表明，弗拉梅尔在1382年1月17日利用魔法石将汞变成了白银；4月25日，又成功地将汞转变为黄金。虽然他是1418年去世的，但是后世不断流传着他长生不老、反复出现的故事，甚至在他去世400年后，有人还声称看到了一个酷似弗拉梅尔的老人。

历史上另一位名人被称为"最后的炼金术士"。但是，他的出名并不是因为"炼金术"，而是因为他是一个著名的科学家，他提出的物理学三大运动定律，直到爱因斯坦出现才产生了实质意义上的拓展。这位伟大的学者就是牛顿。

艾萨克 · 牛顿爵士（Sir Isaac Newton）（1643—1727），他有一句被世人选择性遗忘的名言："我的一生，是为了证明上帝存在而工作。"牛顿在晚年沉溺于对上帝的崇拜和对宗教的信仰中，在地球运动方面曾对有"上帝之手"作为第三推动力的想法深信不疑。然而人所不知的是，牛顿接触炼金术甚至比他接触科学还要早，他幼年就曾大量阅读亚里士多德的著作，并对其元素论十分感兴趣，而元

图1-8 尼古拉 · 弗拉梅尔和儿童奇幻小说《永生的尼古拉 · 弗拉梅尔的秘密》

图1-9　艾萨克·牛顿（左）和亚里士多德（右）

素论是千百年沉淀下来的主流炼金术理论（图1-9）。在进入剑桥学习的时候，他的第一位导师就是一名炼金术士亨利·莫尔（Henry More，著有《灵魂不朽》）❶。牛顿去世前曾经焚毁了大量的手稿。外界猜测，这些手稿可能是牛顿早年炼金术的笔记，夹杂着研究或者一些成果。很遗憾，这些手稿未能保留至今，否则牛顿在成为伟大的物理学家、数学家外，还可能成为伟大的化学家。

　　那炼金术是否真的存在呢？能否实现点石成金？现代的化学家通过原子核技术可以实现"点金术"，但是只是点汞成金。我们知道，高能射线照射某些金属元素，一些金属元素的原子核就会失去一个质子，转变为原子序数少一的元素。在化学元素周期表中，金与汞相邻。金的原子序数是79，汞的原子序数是80。那么我们就可以用高能的射线照射汞原子，让它转化成金：汞 Hg →金 Au。日本科学家松本高明进行了一次大规模的实验。他将 1.34 吨水银放在一个特制的容器当中，然后用 5000 万电子伏特的射线进行照射，历时 70 天以后，水银中果真有黄金生成，总计为 74 千克。然而这项技术由于成本远高于金矿采集，虽然证明可行，但没有推广的价值。

　　炼金术和炼丹术并非历经千年而一无是处，炼金炼丹的"术士"实际就是最早的化学家，现代化学若是没有这些术士的努力，恐怕发展得远没有现在这样完备。

---

❶ 他既是牛顿早期的导师，更像是牛顿在学校的父亲一般。亨利·莫尔，一位神学家，哲学家，柏拉图学派的领袖式人物。牛顿曾假定了以太的存在，认为粒子间力的传递是透过以太进行的。不过牛顿在与神智学家亨利·莫尔接触后重新燃起了对炼金术的兴趣，并改用源于汉密斯神智学（Hermeticism）中粒子相吸互斥思想的神秘力量来解释，替换了先前假设以太存在的看法。

首先，我们认识了一大批金属和非金属，并了解了它们的性质。例如，我国炼丹家魏伯阳、葛洪等对硫、汞、铅等元素都作了十分透彻的研究，并用化学方法来提纯和鉴别它们。阿拉伯人写的《七十书》和《秘密书》等著作中，对金属元素和非金属元素的性能也作出了较全面的论述。

其次，认识了许多化合物以及这些化合物的反应。例如当时人们已了解的铁矿、氮化镁、硼砂、苛性钠、草木灰、食盐等不下数百种化合物及其性质。我国炼丹家葛洪能察知铅在不同条件下氧化成氧化铅、四氧化三铅和二氧化铅等。特别值得一提的是，西欧的炼丹家在后期已发现硫酸、盐酸、氢氧化钠和碳酸钠等重要化合物。

再次，在实验技术上，不仅发明了许多仪器，如加热器、蒸馏瓶、坩埚等，而且掌握了许多实验操作技术，如蒸发、过滤、蒸馏等。特别是提纯技术的创立，对研究物质的性质起着重要的作用。

最后，现代化学中的很多符号，其实都起源于炼金术。中世纪欧洲炼金术士的符号中有很大一部分与现在在化学中所使用的符号是相同的（图 1-10）。

16 世纪著名英国哲人培根曾经就炼金术对科学的贡献做出了一个公正合理的评价。他说在伊索寓言里有一个这样的故事，有一位老人临死前留下遗嘱说在葡萄园里埋下了许多黄金，他的儿子们把葡萄树四周的泥土都挖松了，并没有发现金子。可是，树根旁的青苔和乱草被他们这样除去了，结果第二年长成了满园的好葡萄。同样，炼金术士寻找黄金的苦心毅力，已使他们的后人获得了许多有用的发明和有益的实验，并且间接地促使化学走上了光明的大路。

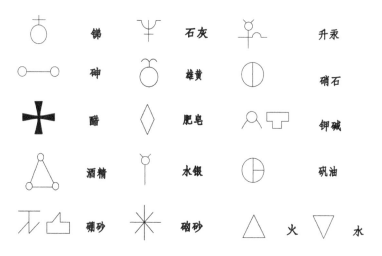

图 1-10　炼金术者的符号

伴园子走四方

影视文艺作品中的返老还童
《天龙八部之天山童姥》

返老还童、长生不老一直是人们追求的目标，在小说、影视作品中也有大量体现。最著名的例子可能是金庸的著名武侠小说《天龙八部》中提到的天山童姥（图1-11）。在1994年改编的香港电影《天龙八部之天山童姥》中，天山童姥（巩俐饰）因修炼八荒六合唯我独尊功，每三十年可返老还童一次，每次返老还童的同时内功需重新练起，并且午时需饮生血，如此一天恢复一年的功力和容貌，但是因为修炼时被李秋水惊吓，走火入魔，以致永远都是六岁女童的模样，从而无法得到真爱，天山童姥与李秋水也成为世仇。而懵懂少年虚竹误打误撞地获得两人共同的武功传承并融为一体，天山童姥与李秋水也因此在离世前一笑泯恩仇。虚竹最后打败了叛变灵鹫宫的邪派高手丁春秋，也圆了天山童姥以及李秋水的心愿。

在《天龙八部》中，八荒六合唯我独尊功这种神奇的功法与APTX4869的作用相似，都能返老还童。不过在《天龙八部》中，天山童姥因为功法失误，永远停留在六岁女童的模样，无法变为成人，也因此失去了真爱，这对她来说非常残酷。

图1-11　《天龙八部之天山童姥》中的巫行云（左，巩俐饰）
和李秋水（右，林青霞饰）

而《名侦探柯南》中，柯南也永远是小学一年级，七岁的模样，却给我们带来了无穷的欢乐。而且，柯南可通过喝白干酒来暂时解除身体缩小，也给未来新一与小兰的感情带来了无穷的美好想象。

返老还童的惊悚实验真实记

美国哈佛大学的肿瘤医生罗纳德 · 德宾霍（Ronald Debinghor）通过老鼠实验，第一次成功逆转了衰老过程，这为研制出"永葆青春"的药物铺平了道路，这篇论文发表在《自然》杂志上（Nature，2011，102~106）。

这些实验用的老鼠在皮肤、大脑、内脏和其他器官上，与 80 岁老人的类似。给它们服用可以打开一种关键性酶的药物仅 2 个月后，这些动物就长出了大量新细胞，它们几乎是经过彻底更新，已经返老还童了。更令人吃惊的是，公鼠竟然能令母鼠再度受孕，养育大量后代。其实，这项重大突破主要着眼于端粒结构。端粒是覆盖在染色体末端，防止它们受损的微型生物钟。随着时间的推移，端粒变得越来越短。等到它们短到一定程度时，整个细胞就会死亡。端粒酶逆转录酶能再造端粒，但是身体往往会把这种酶关掉。德宾霍通过特殊的方法使老鼠提前衰老，以模拟人类的衰老过程，然后利用药物刺激，成功地令端粒酶逆转录酶重新恢复生机（图 1-12）。

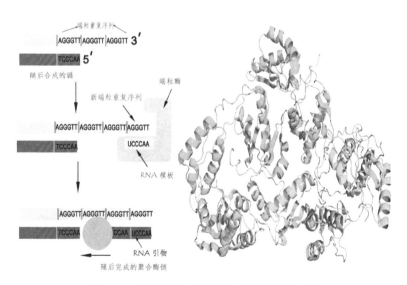

图 1-12　端粒酶（一种逆转录酶）的逆转录过程

如果借助这项研究，科学家研制出"永葆青春"的药物，人们就能更长寿、更健康，不会受到阿尔茨海默病和心脏病的困扰，皮肤和头发会像年轻时一样光泽亮丽。这种药物或许还能令男性和女性在高龄以前一直能够自然生育小孩。增加健康生活的时间还可以大大减少卫生服务成本，减轻家人照顾体弱多病的亲属的负担。依据这种药物的基础，加以研究和发展，将能够开发出新的药物去延缓或防止阿尔茨海默病、心脏病和糖尿病等疾病，甚至可延长寿命。不过人们也要注意：高水平端粒酶逆转录酶可加速肿瘤生长，单凭一种药物不可能清除所有的衰老问题，因为衰老是由多种机制共同造成的。

美国哈佛大学的端粒专家史蒂文·亚坦迪博士（Dr.Steven Yatandi）称这项研究"非常漂亮"，但是他警告说，一种抗衰老药物最多只能逆转十多年的时间。

 看基德炫魔术

西方炼金术是化学的起源之一，下面我们也来使用炼金术来制造黄金雨吧！

黄金雨

魔术名称：黄金雨

魔术现象：混合后溶液中瞬时形成明亮的黄色沉淀
　　　　　——黄金雨。

扫一扫，看视频

魔术视频：

追柯南妙推理

东京有条"金街"。这天，保安进入地下金库，准备查验黄金的状况。他走进仓库，发现一百多斤纯度很高的金块被盗，马上报了警。

目暮警官带队马上出动，很快就在码头将盗匪和他们的车截住了。刑警们仔细地检查了车的里里外外，可是一克金都没发现，一无所获的他们很失望。

"现在可是法治社会，请你们快点，耽误了我的事小心你们的饭碗。哈哈……"盗贼嘲笑了警察。这时服部平次赶到，他看了一眼汽车，说道："你们怎么查的，黄金不就在你们眼前吗？"他一眼就看出了名堂。他是如何查到的呢？

跟灰原学化学

（1）诗圣杜甫在《赠李白》一诗中写道，"秋来相顾尚飘蓬，未就丹砂愧葛洪"，说的是东晋一位名叫葛洪的炼丹师。葛洪在丹书《抱朴子·内篇》中具体地描写了多方面有关化学的知识，也介绍了许多物质的性质和物质的变化。例如"丹砂烧之成水银，积变又还成丹砂"；又如"以曾青涂铁，铁赤色如铜"。大家知道丹书中所描述的是哪两个反应吗？

（2）2012年湖南长沙长郡中学化学考题也是与炼丹术密切相关的。题目是这样的：

汉书《周易参同契》中描述："河上姹女，灵而最神，见火则飞，不见埃尘。鬼隐龙匿，若知所存，将欲制之，黄芽为根。"——请根据题目写出相应的反应方程式。

听博士讲笑话

化学课开始了，老师经过一通金属与酸的反应理论说教后，进入了实验阶段。"同学们注意了，"老师郑重其事地说，"我手上有一枚金戒指，现在我要把它投进这杯硫酸里面，回想一下我刚才讲过的内容，金戒指会溶解吗？"

立刻有一个声音答道："不会。"

"为什么？"老师追问道。

"如果戒指会溶解的话，您一定舍不得投进硫酸里面。"

推理解答、习题答案

【推理解答】

由于纯黄金很软，又具有弹性，所以可以随意加工成任意形状，可以加工成厚度为 0.0001 毫米的金箔。利用这种特性，将金块加工成壁纸一样的厚度，装饰到墙上，以便隐藏。盗贼用黄金制作车身，再涂上涂料，所以刑警们不会注意到。

【习题答案】

（1）丹砂又称朱砂、辰砂，是硫化汞（HgS）的天然矿石。第一句话描述了硫化汞在加热下反应生成汞和硫，冷却后重新生成硫化汞的可逆反应。曾青，深蓝色，古代炼制外丹常用的矿物原料，即天然的硫酸铜（$CuSO_4$）。第二句话描述了蓝色的硫酸铜涂抹在铁上，铁置换了硫酸铜溶液中的铜，从而使铁的表面出现了如同铜一样的赤红色。

（2）《周易参同契》，东汉魏伯阳著，是世界炼金术最古老的著作，也是一本求生求寿求发展的书。姹女，即少女，这里指汞。因此，这段文字是说，汞易挥发，遇火即转变成气态，弥散进入空气中，如果要回收就利用硫黄（黄芽）使它们化合。所以正确答案是：$Hg + S \rightarrow HgS$

魔术揭秘

魔术真相： 碘离子和铅离子混合后生成明亮的黄色沉淀。

$$Pb(NO_3)_2 + 2KI \rightarrow PbI_2 \downarrow + 2KNO_3$$

实验装置与试剂： 硝酸铅，碘化钾，醋酸，锥形瓶，电热炉，烧杯。

操作步骤： 称取 0.3 克的碘化钾、0.3 克硝酸铅配成溶液，混合搅拌，加入少量醋酸，加热，最后水浴降温。

扫一扫，看视频

危险系数： ☆☆☆☆

实验注意事项： 可溶性铅盐都是有毒的，请注意实验时的安全防护，避免与皮肤接触。实验过后注意废液的处理。本实验使用了碘化钾，对碘有过敏史者禁用。

2

酒与化学

——《生日葡萄酒之谜》

跟小兰温剧情

在上个章节里，我们知道中国的白干酒可以用来作为APTX4869的解药，使柯南的身体恢复成高中生的模样。白干酒是种高度白酒。并且，动画片自开播之日起，便围绕着柯南与黑衣组织的恩怨展开，这是一个与酒有着说不清道不明关系的神秘而狠辣的集体，每个成员都是以一种酒的名字作为代号的，例如琴酒（Gin）、伏特加（Vodka）等，所以柯南与酒的渊源可谓是非常之深了。《名侦探柯南》动画片《生日葡萄酒之谜》剧集是一个利用糖在酒中的溶解延迟来达到杀人目的的案件。

毛利兰受其学姐小岛由贵之邀带着家人一同参加一场为好朋友泽口圭子生日而举办的聚会。席间，凶手富坚顺司端出了非常珍贵的香槟酒，为席上各位都倒了酒。凶手喝了一口自己酒杯中的香槟酒后在席间假装不小心摔倒打翻了被害人泽口圭子的酒杯。由于这瓶酒非常珍贵，再加上没有多余的香槟酒了，于是凶手很自然地带着歉意将自己喝过一小口的香槟酒给了圭子；圭子也接受了这杯酒，喝掉后中毒死去。顺司因为喝过同一杯酒，因此顺利地在制造了自己不可能犯罪的前提下毒死了对方。但还是被柯南敏锐地发现了疑点，并判断出顺司杀人的手法是使用了带毒乳糖在酒中缓慢溶解的延迟效应来达到杀人目的的。

确实，酒的密度比水小，而且对于各种物质的溶解度也与水不同，因此，这些性质给酒带来了许多应用。在《名侦探柯南》中有各种各样的酒类案件，并穿插了许多关于酒的趣事和背景。下面就让我们打开酒的大门，享受酒给我们带来的神奇魅力吧！

 跟光彦学知识

酒精的化学成分和主要性质

酒的化学成分是乙醇（CH_3CH_2OH，也缩写为 C_2H_5OH，C_2H_6O 或 EtOH），一般含有微量的杂醇和酯类物质，食用白酒的浓度在 60 度（即 60%）以下，白酒经分馏提纯至 75% 以上为医用酒精，提纯到 99.5% 以上为无水乙醇。通常而言，50 度以上的白酒可以比较容易地被点燃，高度白酒则更易着火。

乙醇可以与乙酸发生酯化反应，生成乙酸乙酯：

$$C_2H_5OH+CH_3COOH \rightarrow CH_3COOCH_2CH_3+H_2O$$

在长时间的存放下，酒中的乙醇部分被氧化为乙酸，乙酸也能缓慢地与其余乙醇起反应，生成乙酸乙酯。由于乙酸乙酯等酯类有着扑鼻的香味；酒越陈越香，从某种意义上来讲也意味着乙酸乙酯等酯类随着时间的推移，生成量越来越多。由于乙醇以及乙酸乙酯的沸点均不高，远低于水，因此，白酒很容易挥发。所以，古代的酒铺往往酒精挥发，酒香扑鼻，这也是"酒好不怕巷子深"的来历。

另外，乙醇具有还原性，可以被氧化成乙醛或乙酸。当前中国交规对酒驾的检查非常严格，我们常常可以见到交警们拿着吹气式酒精检测仪进行酒精度的测试，这运用的就是乙醇的还原性。酒驾的司机们的口腔呼出气体中含有酒精成分，当他们吹气时，口腔中的酒精成分就进入酒精检测仪的反应区并与重铬酸钾发生氧化还原反应。重铬酸钾本身的铬为 +6 价，它会被乙醇还原成铬离子（Cr^{3+}），这个铬离子是灰绿色的，通过反应区的颜色变化，就可以定量估算口腔呼出气体的酒精含量，判断是否饮酒。这种吹气式酒精检测器十分简便，可以便于交警迅速做出判断。吹气式酒精检测器也有它局限的地方，例如它的检测容易受到干扰，近期有媒体反映，吃一个蛋黄派后，用吹气式酒精检测器检测即发现超标，这与蛋黄派中含有少量酒精有关。所以，要真正判断是否酒驾，仍需进行血检，查看血液中酒精含量是多少。

$$2CrO_3+3C_2H_5OH+3H_2SO_4 \rightarrow Cr_2(SO_4)_3+3CH_3CHO+6H_2O$$

另外一个小问题是，为什么酒能解鱼腥气呢？原来鱼腥气主要来源于三甲胺。通常三甲胺都"隐藏"在鱼肉里，人们很难"赶走"它。但是酒里含有乙醇，乙醇与三甲胺都是有机物，根据相似相溶的原理，它能很好地溶解三甲胺，把三甲胺从鱼肉里"抓"出来。而且，烧鱼的时候温度较高，乙醇、三甲胺都很容易挥发，所以很快，鱼腥味就被除掉了。

白酒酿制的过程及相关化学变化

具体地说，白酒酿制（图 2-1）需要经过制曲、淀粉糖化、酒精发酵、老熟陈酿、蒸馏取酒、勾兑窖藏六个步骤。

① 制曲。曲是提供酿酒用各种酶的载体。酒曲亦称酒母，多以含淀粉的谷类、豆类、薯类和含葡萄糖的果类为原料和培养基，经粉碎加水成块或饼状，在一定温度下培育而成，含有丰富的微生物，如酵母菌、乳酸菌等。这些微生物可在一定条件下大量繁殖，使淀粉 $(C_6H_{10}O_5)_n$ 发酵，从而产生酒精（C_2H_5OH），避免了天然造酒过程中缺乏微生物、发酵缓慢、出酒率低的问题。

② 淀粉糖化。糖化过程的反应方程式如下：

$$(C_6H_{10}O_5)_n+nH_2O \rightarrow nC_6H_{12}O_6（葡萄糖）$$

含淀粉质的谷物原料等，由于酵母本身不含糖化酶，所以采用含淀粉质的谷物酿酒时，还需将淀粉糊化，使之变为糊精、单糖、二糖和可发酵性糖的糖化剂。所以在制备米酒的过程中，我们往往发现米酒是甜甜的，这就是因为大米中含有淀粉成分，淀粉是由许多葡萄糖分子组成的多糖化合物，并不甜，只有淀粉经分解后产

图 2-1　白酒的酿制

生了葡萄糖，才会给人以甜的感觉（图2-2）。

③ 酒精发酵。这是酿酒的主要阶段，糖质原料如水果、糖蜜等，其本身含有丰富的葡萄糖、果糖、蔗糖、麦芽糖等成分，经酵母或细菌等微生物的作用可直接转变为酒精（图2-3）。具体反应方程式如下：

$$C_6H_{12}O_6（葡萄糖）\rightarrow 2C_2H_5OH（酒精）+2CO_2+Q（能量）$$

图2-2 米酒（左）及米酒汤圆（右）

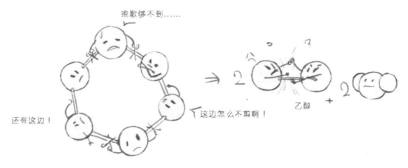

（a）葡萄糖无氧分解不彻底，生成的乙醇很活泼

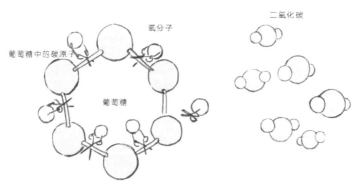

（b）葡萄糖有氧分解十分彻底

图2-3 酒精发酵过程中的葡萄糖分解过程

④ 老熟陈酿。刚生产出来的新酒，有辛辣味，不醇和，只能算半成品，一般都需要贮存一定的时间，让其自然老熟，可以减少新酒的刺激性、辛辣性，使酒体绵软适口，醇厚香浓，口味比较协调，这种现象在酿酒行业里称为"老熟"或"陈酿"。浏阳河白酒的广告——"五十年，我们只做一件事"很好地说明了陈酿的重要性。

⑤ 蒸馏取酒。通过加热，利用沸点的差异使酒精从原有的酒液中浓缩分离，冷却后获得高酒精含量的酒品的工艺。甜酒、葡萄酒等未经过蒸馏取酒的过程，因此，酒精度数不高，另外，葡萄糖等成分是无法被蒸馏出来的，因此，蒸馏出的高度酒通常是没有甜味的。

⑥ 勾兑窖藏。将不同种类、陈年和产地的原酒液半成品或选取不同档次的原酒液半成品按照一定的比例，参照成品酒的酒质标准进行混合、调整和校对。通常勾兑酒的师傅对如何勾兑出口感好的酒有着非常敏锐的感觉，他往往也是酒厂中技术最核心的人员，工资是普通员工的数十倍。有些酒厂并没有发酵酿酒的过程，只是采购各种厂家的白酒进行勾兑，这样质量往往很难保持稳定。例如在 20 世纪 90 年代风光一时，连拿中央电视台黄金广告时段标王的某种白酒就因为勾兑酒的缘故迅速走向落寞。

 伴园子走四方

中外各国酒文化

我国是酒的故乡，也是酒文化的发源地，是世界上酿酒最早的国家之一。酒的酿造，在我国已有相当悠久的历史。在中国数千年的文明发展史中，酒与文化的发展基本上是同步进行的。"何以解忧？唯有杜康"，杜康被认为是中国造酒的祖师，在三国时代，杜康酒已经能成为雄才大略的曹操排解烦恼的首选。一代文豪苏轼也曾"把酒问青天"，抒发出"但愿人长久，千里共婵娟"的感慨（图 2-4）。那么中国古代的酒到底是什么样的呢？

早期中国的酒基本上是果酒和米酒。自夏之后，经商周，历秦汉，以至于唐宋，皆是以果实粮食蒸煮、加曲发酵、压榨而后才出酒的，武松大碗豪饮景阳冈，喝的就是果酒或米酒，随着人类的进一步发展，酿酒工艺也得到了进一步改进，由原来

我欲乘风归去，又恐琼楼玉宇，高处不胜寒。
——苏轼《水调歌头》

举杯邀明月，对影成三人。
——李白《月下独酌》

图2-4　苏东坡（左）和"酒仙"李白（右）

的蒸煮、曲酵、压榨，改为蒸煮、曲酵、蒸馏，最大的突破就是对酒精的提纯。

千年来，中国的酿酒事业，在历史的变迁中，分支分流以至于酿造出了许多更具地方特色、更能反映当地风土人情的各类名酒，不同地域和不同民族的酒礼酒俗，无不构造出一个博大渊深的名酒古国。

而谈到我们的邻居日本呢，就必须谈一谈他们那源自中国，却独有特色的清酒文化。清酒是用秋季收获的大米，在冬季经发酵后酿成的。可以说，"酒是米、水以及酒曲子的艺术结晶"。所以，名酒的产地必然要有充足的水源而且盛产大米。丰富的水源、优质的大米是生产香醇美酒的先决条件。日本的森林孕育了丰富的水源，为生产优质名酒提供了良好的环境，这里的名酒产地主要在东北、北陆地区，以及九州岛福冈、熊本一带。同时，日本菜以鱼类海鲜为主。如果吃日本菜喝威士忌，则因酒性太烈，破坏了日本菜的鲜美，喝啤酒又觉得"味"不足。还是香醇爽口的清酒配上日本菜才有滋有味，再合适不过了。

说起西方名酒，估计大家的第一反应便是葡萄酒！在古代历史的长河里，葡萄酒的酿造方法伴随着战争以及商业活动，传到了古代的波斯、美索不达米亚平原、埃及等地。由于宗教信仰与戒律的制约，葡萄酒酿造业未能在古代的波斯、美索不达米亚平原、埃及等地得到发展。后来，葡萄酒的酿造方法传到了希腊、罗马、高卢（法国）。之后，葡萄酒的酿造技术和消费习惯由希腊、意大利和法国传遍欧洲。基督教徒把葡萄酒视为生命中不可缺少的，认为葡萄酒是上帝的血。而欧洲有大部分人是虔诚的基督教徒，同样因为宗教信仰，葡萄酒却在欧洲获得了广阔的发展空

图 2-5 欧洲葡萄酒

间。在今天，欧式葡萄酒已经成为欧洲人的一大符号，传遍世界（图 2-5）！

其实，柯南中的人物与西方名酒有着密切的关系，特别是柯南的主要对手——黑衣组织中的各个人物就是分别以各种名酒作为代号的。下面，我们就通过几位黑衣组织的主要人物介绍来认识这些西方名酒吧。

琴酒（Gin），黑衣组织高级成员，是组织中最早出现的人物之一，伏特加的大哥，性格冷静残忍，似乎可以毫不犹豫地杀死任何人，是给新一灌下毒药使其身体变小的罪魁祸首。琴酒又称"金酒"或"杜松子酒"，是人类第一种为特殊目的所造的烈酒，琴酒的故乡在荷兰，它的怡人香气主要来自具有利尿作用的杜松子。后来，传入美国，则被大量地使用在鸡尾酒的调制上。现在的琴酒，主要是以谷物为原料，经过糖化、发酵、蒸馏成高度酒精后，加入杜松子、柠檬皮、肉桂等原料，再进行第二次蒸馏，即形成琴酒。

伏特加（Vodka），琴酒的助手，是组织中最早出现的人物之一，总是戴着墨镜，极端残忍但头脑简单，做事稍显不细密，完全服从琴酒且一起行动，尊称琴酒为"大哥"。伏特加是俄罗斯和波兰的国酒，是北欧寒冷国家十分流行的烈性饮品，"伏特加"是俄罗斯人对"水"（斯拉夫语 woda 或 voda，英语 water）的昵称。

雪莉（Sherry），作品的主要人物之一，黑衣组织的核心科学家，科学家宫野厚司的次女。美国留学后在组织里负责开展 APTX4869 项目。在组织里算是少数头脑顶尖的人，但在组织杀害她的姐姐宫野明美后以放弃研制作为抗议。在被组织处决前服下 APTX4869 自杀，却变回小孩并逃出组织。后来化名灰原哀，住在阿笠博士家中，就读于帝丹小学一年级 B 班。雪莉酒产自西班牙西南部的安达鲁西亚（Amdalusia），该地的土壤以及气候造就了雪莉酒独特的风格。它以葡萄为原料，味道香甜，酒精浓度为 7%~20%。

贝尔摩德或称之为苦艾酒（Vermouth），黑衣组织高级成员，长得非常漂亮，头脑冷静，枪法、身手、智慧都堪与琴酒媲美，比起琴酒的执行力，贝尔摩德更偏向军师型，是组织里最被首领信任的人。负责收集重要的情报，习惯单独行动，是个"秘密主义者"。深受组织"那位先生"的宠爱。苦艾酒是一种有茴芹味的高酒精度蒸馏酒，主要原料是苦艾草（即洋艾，*Artemisia absinthium*），酒液呈绿色，当加入水时变为浑浊的乳白色。此酒芳香浓郁，口感清淡而略带苦味，并含有68% 的高酒精度。

基尔（Kir），CIA（美国中央情报局）派入组织的卧底，化名为水无怜奈。平时身份为日卖电视台的主持人（重回组织后已辞职）。在一次暗杀政要的行动中因为事故被 FBI（美国联邦调查局）当作真正的组织成员擒获，并一直在医院昏迷。直到她苏醒后，FBI 才知道她的真实身份，并且将她送回组织继续完成任务。但在刚回去不久，在"那位先生"和琴酒的要求下被迫杀死赤井秀一，赤井"貌似"死亡。基尔酒（Kirs) 是一种用白葡萄酒或香槟加上黑加仑酒按照 5：1 的比例调配而成的经典，它色泽血红，颜色暗淡，味道却十分醇美，是很有内涵的一种酒，一种法国餐前酒。

黑麦（Rye）威士忌，即赤井秀一，FBI 中实力强劲的搜查官，曾经在黑衣组织卧底三年，化名诸星大，逐渐崭露头角成为重要骨干，得到首领的赏识并获得代号"Rye"，为保护水无怜奈的卧底身份不被泄露而牺牲。之后出现了面带伤疤、疑似赤井的人物，后证明此人为波本（安室透）假扮。有迹象表明赤井未死，研究生冲矢昴的真实身份就是赤井，但具体情况仍有待观察。黑麦威士忌是用黑麦作原料酿制而成的，产于美国，酿造历史早于波本威士忌，主要产地是潘辛维尼亚州和马里兰州。其原料中必须有 51% 是黑麦，其余部分是玉米和小麦。酒液呈琥珀色，味道与波本威士忌不同，具有较为浓郁的口感，因此不太受现代人的喜爱。

波本（Bourbon），黑衣组织高级成员，登场较晚，化名安室透。最早的"登场"来自于水无怜奈（Kir）在返回组织后给 FBI 的一通电话中，提到组织为寻找雪莉而派出了强大的侦探，他具有一流的情报收集能力、观察力以及洞察力。波本是美国肯塔基州（Kentucky）的一个地名，它是用 51%~75% 的玉米谷物发酵蒸馏而成的，在新的内壁经烘炙的白橡木桶中陈酿 4~8 年，酒液呈琥珀色，原体香味浓郁，口感醇厚绵柔，回味悠长，酒精度为 43.5 度。

 随优作忆典故

酒逢知己千杯少，有关酒的故事

2012 年中国作家莫言荣获诺贝尔文学奖，这也是当今中国内地诺贝尔奖零的**突破**。关于莫言的作品，最有名的莫过于曾改编为同名电影的《红高粱》了。《红高粱》叙述的是在出嫁的路上，新娘"我奶奶"被赶跑劫匪的轿夫"我爷爷"所吸引，在高粱地产生了感情。新婚丈夫被人杀死后，"我奶奶"勇敢地主持了酿酒厂，用红高粱酿酒，但始终未能成功；"我爷爷"在酒缸里撒了一泡尿，竟成了喷香的好酒。9 年后，日军强迫村人砍倒高粱修建公路，"我爷爷"带领乡人组成了一支民间抗日武装伏击日本人的汽车队，付出很大代价后取得了胜利。这本书充满了对带着原始野性、质朴强悍的生命力的赞美，对自由奔放的生命形式的渴望。红高粱，就是这种生命意识的总体象征。而酒，也始终贯穿在整个故事当中，充分体现了农村人民勤劳朴实、憨厚耿直的形象（图 2-6）。有趣的是那一泡尿发生的化学反应，当其他人反映酒发酸的时候，也许尿液中的尿素等碱性物质有效地与酸酒起到了中和反应，从而产生了美酒。

另外一部与酒有关的著名电影应该算成龙主演的《醉拳》。

清朝末年，有个名叫黄飞鸿的机灵小子，练功夫时喜欢恶作剧，为了严格教育和训练儿子，他的父亲请来了好友苏乞儿，这使得黄飞鸿大吃苦头，但也因此得到

图 2-6 莫言所著的《红高粱》以及改编的电视剧版《红高粱》剧照（周迅饰戴九莲）

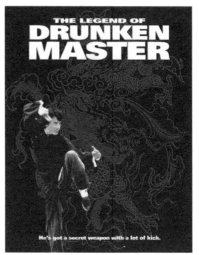

图2-7 黄飞鸿（左）和电影《醉拳Ⅱ》中成龙饰演的黄飞鸿

了成长，随后，苏乞儿又把醉八仙拳传授给他（图2-7）。使用这种拳法必须先喝酒，这种拳打起来，很像是醉汉酒后跌跌撞撞，摇摇摆摆，但实际上是形醉意不醉，身体摇晃和步履不稳出其不意正是克敌制胜的关键。黄飞鸿学会这套拳法后，适逢父亲的仇人买通凶手来加害父亲，结果他以醉拳打败了敌人。

科普一下

喝酒御寒是不科学的！

喝酒取暖，这是大众认识的一种误区，喝酒可使呼吸加快、血管扩张，血液循环的速度随之加快，让人感到身上热乎乎的；同时，酒里含有酒精，饮酒后导致神经出现短时的兴奋，全身就有一种温暖和舒适的感觉。

但实际上，这是调节体温的中枢发生紊乱的前兆，大量饮酒引起的急性酒精中毒会导致醉酒者昏迷。醉酒者神志不清，如醉倒在室外的严寒之中，还会有冻死的危险。

"爱脸红"的亚洲人

大约1/3的东亚裔喝酒会脸红，这种症状称为"Asian Flush"（亚洲红脸），会增加患致命食管癌的危险。有喝酒脸红反应者是因为其代谢酒精的乙醛脱氢酶（ALDH）的基因有缺陷，不能把乙醛代谢成乙酸，因而导致有毒的乙醛在体内大

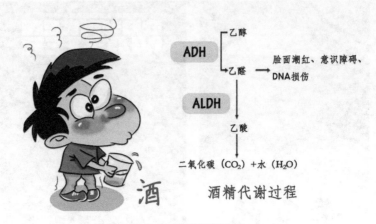

图 2-8　酒精代谢过程

量累积，造成血管扩张，引起脸红反应，严重的会导致酒精中毒。由于脸红反应常常发生在亚洲人的身上，所以才被称为"Asian Flush"。但是很多人认为这是对酒精过敏的反应，往往不管不顾地继续喝，或者试图通过吃抗过敏药来缓解。其实这个和过敏没有关系，是由于酒精代谢产生的乙醛在体内堆积的结果。酒精代谢过程见图 2-8。

从已知的基因研究结果来看，脸红确实是"不善饮酒"的标志，而非好事。许多人依据自己是不是醉倒来判断该不该继续喝，甚至有人认为经过一段时间的锻炼，酒量见长就没事了。其实，本来不胜酒力的人经过锻炼对酒精耐受了，反而会喝更多的酒，造成更大的危害。所以，喝酒脸红的人还是不喝或者少喝为好！

日常解酒小妙招

有关专家反映，"市场上销售的所谓解酒药可能都是商家推销自己商品的一种噱头，从临床上说，根本没有解酒药"。市面上的解酒药大都是通过加快肝脏的代谢，以达到解酒的功效。这种方法或许确实会起到一定的解酒作用，但会给肝脏造成不同程度的损害。所谓的解酒药其实难以促进肝脏解酒酶的分解，预防醉酒的作用十分有限。且目前市面上解酒产品的批准文号多为"国食健字"，属于保健品范畴，不是药品，说明书上也会注明"本品不能代替药品"，消费者服用时应慎重。有些解酒药也明确标示为保护肝脏，因为肝脏有解毒的功能，能将喝酒积累的乙醛分解，如果大量乙醛不断地给肝脏造成过大的负荷也是不利的。而消费者误以为对解酒有利就服用这些解酒药，从而自我感觉酒量大增，其实往往是一种心理暗示而已。

还有什么不靠谱的解酒方法呢？

盐水？

喝盐水其实是在补充人体流失的水分和钠离子，解决因为酒精代谢带来的脱水问题。可是人体流失的不仅是钠离子，还有钾和镁，这要靠各种食物来补充。显然喝盐水还不如喝大量清水和多吃点食物有效，清水能补充水分，食物则能缓解酒精对消化道的刺激。那要吃什么食物呢？大多数食物都含有水分、矿物质和各种营养成分，所以吃哪种都可以，只要你吃下去就不难受。

茶水和咖啡？

这两种饮料只会让大脑更兴奋，同时加重脱水状态。要知道，酒精本身造成的脱水已经让你生不如死了，这时再加重这种状态会让你更加难受！

蜂蜜水？

有说法说蜂蜜水有解酒的功效，那么可以认为是其中的果糖能加速酒精的分解。有研究表明，若每喝 1 克酒精就补充 1 克果糖，可以让血液中酒精的代谢速率提高 44.7%。听上去很不错，但这意味着成人每喝二两酒，需要同时补充超过 70 克的果糖，这大大超过了成年人正常的果糖摄入量，这些果糖在消化过程中会大大增加肠胃的负担，甚至增加血液的负担，导致糖尿病、心脏病。当然，如果你很相信果糖的作用，也可不必完全依靠蜂蜜，日常的各种水果例如苹果、香蕉、葡萄等也有大量果糖。

所以，严格来说，并不存在一种行之有效的解酒方法，充其量是缓解醉酒症状，酒精最终还是要靠身体来代谢掉，这是喝酒伤身的关键所在。

但是，有些场合不得不喝酒，有些什么妙招可以防止醉酒呢？在喝酒之前，喝点牛奶、酸奶或者米汤等，可以附着在胃黏膜上，从而缓解消化系统对酒精的吸收。此外，还可以多吃些馒头、面包之类的食物。这些食物具有疏松多孔的结构，吃后进入胃内，也可吸附进入胃中的酒精，使胃对酒精的吸收延缓，从而防止醉酒。

看基德炫魔术

　　酒吧中服务员的花式调酒令人惊叹，彩虹鸡尾酒就是著名一例，这里我们也制备出三色彩虹鸡尾酒吧！

三色彩虹鸡尾酒

魔术名称：三色彩虹鸡尾酒

魔术现象：酒杯中出现红色、蓝色、无色三层颜色不同的"鸡尾酒"。

扫一扫，看视频

魔术视频：

 追柯南妙推理

　　一天，刺客闯进大律师的办公室，声称要杀了他。律师却手拿酒杯，镇定自若："是谁派你来的？佣金不多吧？我出三倍价钱怎么样？"他倒了一杯酒端到刺客的面前，讥讽道："怎么样，不喝一杯？是不是害怕喝完拿枪拿不稳啊？"刺客不敢掉以轻心，一手拿着枪，一边将酒一饮而尽，然后急切地问道："你真的有钱吗？""当然！在那个保险箱中。"律师一边端着酒杯，一边打开保险箱，拿出一个鼓囊囊的信封。

就在刺客把手伸向那个信封的时候，律师飞快地将刺客喝过的酒杯和保险箱的钥匙放进去，随手拨乱密码盘。刺客大惊，将枪指向律师。律师大笑："你开枪吧！即使你杀死我之后依然逃不掉，因为你留下了决定性的证据！"这是怎么回事呢？

跟灰原学化学

茅台是我国的国酒，其中最经典的又是53度（通常标注为53%vol）的飞天茅台。请算出53度飞天茅台中的酒精质量分数是多少呢？

（已知：水和乙醇的密度分别为1.0克/厘米^{3}和0.8克/厘米^3；53度的酒是指，53体积乙醇和47体积水的混合溶液。结果精确到0.1%，不考虑混合后体积缩小的因素。）

听博士讲笑话

我一哥门儿，就喜欢酒后驾车，一次，回家时正碰上警察在查车。就在他暗叫倒霉下车接受检查的时候，警察接了个电话，捧着手机，指手画脚、滔滔不绝地说了起来。他一看有机可乘，就悄悄地返回车里，趁打电话的警察不备，风风火火地把车开回了家。到了第二天，有人来敲他家的门，正是昨天的那个警察。他的酒现在已经醒了，自然理直气壮地质问警察："你来干什么？有什么事？"警察说："你的车我已经给你开到门口了，现在，你把警车还给我吧。"

推理解答、习题答案

【推理解答】

决定性的证据就是刺客的指纹和唾液。那只被锁进保险箱的酒杯就是关键。

【习题答案】

设飞天茅台的体积为 V，则酒精的质量为 $0.53V×0.8$，水的质量为 $0.47V×1$，总质量为 $0.53V×0.8+0.47V×1=0.894V$。酒精的质量分数 $=0.53V×0.8/0.894V×100\%=47.4\%$。故在 53 度飞天茅台中的酒精质量分数是 47.4%。

魔术揭秘

魔术真相： 二氯甲烷、乙酸乙酯与水均不混溶，且二氯甲烷密度大于水，而乙酸乙酯小于水。底层液体为二氯甲烷，加入了碘因而呈现紫红色。中间的溶液为水层。水中溶解了硫酸铜，因而呈现蓝色。

实验装置与试剂： 鸡尾酒杯，二氯甲烷，水，乙酸乙酯，碘，硫酸铜。

操作步骤： 先加入碘的二氯甲烷溶液，然后加入事先配置好的硫酸铜水溶液，最后加入乙酸乙酯溶液。

扫一扫，看视频

危险系数： ☆☆

实验注意事项： 本实验中使用了有一定毒性的二氯甲烷与乙酸乙酯，请戴好防护手套等，本"鸡尾酒"严禁食用。

3

你知道，又不知道的香烟：
香烟冷知识
——《星星和香烟的暗号》

跟小兰温剧情

在上个章节里，我们了解到酒的知识，许多人喝酒成瘾，无法戒除。俗话说"烟酒不分家"，香烟也是一种容易让人成瘾的东西，那么，烟又有什么化学奥秘呢？下面我们就结合《名侦探柯南》来介绍有关香烟的知识。《名侦探柯南》动画片《星星和香烟的暗号》剧集中讲述了柯南通过受害人从凶手口袋中抓取的香烟数目以及长短，辨识到真正的凶手，解开了杀人谜团。

　　在本集中，阿笠博士带着少年侦探团一行人一起到郊外打算观察星空，到了预先订好的山中旅馆之后，遇到了旅店老板天土陵司、天文杂志社主编御上平八和他的助手二川肇，还有死者河野先生的未婚妻悦子小姐。柯南他们在旅店老板的有意安排下，"无意中"在郊外观星路上发现了死了一年之久的河野先生，并且在他身上找到了四长两短的六根香烟，柯南断定这个是河野先生留下的死亡讯息。随着柯南暗中调查的进行，主编的助手二川先生也以同样的方式死在了郊外，身上同样发现了同牌的香烟，不过这次是五长两短的七根香烟。柯南推断出凶手就是天文杂志社的主编御上平八先生。原来早在一年前，观星爱好者河野先生发现了一颗全新的星体，他请来了当时恰好同住天土旅店的天文学家御上先生给予鉴定。御上平八惊讶地认定这是一个全新的星体，并要求河野将星体的命名权分他一份，可是遭到了河野的拒绝。御上平八一怒之下推了河野下山。河野死后一年被其好友天土先生发现，他想以河野的名义召集一年前来过旅店的御上平八等人，期望找出凶手，最后被恰好同住天土旅店的柯南机智破案。

看完本回的故事之后，我们发现香烟这种东西对于上了烟瘾的人来说真是形影不离无法舍弃，正如本集凶手两次犯案身上都携有同种香烟，以致身份暴露。在柯南动画片的其他剧集里，我们也经常看到毛利小五郎先生嘴里叼着香烟。大家是不是很想知道香烟到底为何能让那么多人欲罢不能呢？现在就让我们来一起认识香烟吧（图 3-1）！

图 3-1　吸烟

跟光彦学知识

究竟什么是香烟呢？

香烟是烟草制品的一种。制法是把烟草烤干后切丝，然后用纸卷成长约 120 毫米、直径 10 毫米的圆筒形条状。吸食时把其中一端点燃，然后在另一端用口吸取产生的烟雾。而另一种烟草制品——雪茄则是直接把烟草卷成圆筒形条状吸食（图 3-2）。香烟跟雪茄的主要区别在于香烟体积较小，烟草经过炼制和切碎。香烟最初在土耳其一带流行，当地的人喜欢把烟丝用报纸卷起来吸食。在克里米亚战争中，英国士兵从当时的奥斯曼帝国士兵中学会了吸食香烟的方法，之后传播到不同地方。

目前人们普遍认为香烟的关键原料——烟草最早源于美洲。考古发现，人类尚处于原始社会时，烟草就进入到美洲居民的生活中了。那时，人们在采集食物时，无意识地摘下一片植物的叶子放在嘴里咀嚼，因其具有很强的刺激性，正好起到了恢复体力和提神的作用，于是便经常采来咀嚼，次数多了，便成为一种嗜好。

图 3-2　雪茄

考古学家认为，迄今发现人类使用烟草最早的证据是在墨西哥南部贾帕思州倍伦克的一座建于公元 432 年的神殿里的一幅浮雕。它是一张半浮雕画，浮雕上画着一个叼着长烟管烟袋的玛雅人，在举行祭祖典礼时，以管吹烟和吸烟的情景，头部还用烟叶裹着（图 3-3）。考古学家还在美国亚利桑那州北部印第安人居住过的洞穴中，发现了遗留的烟草和烟斗中吸剩的烟灰，据考证，这些遗物的年代大约在公元 650 年。而有记载发现人类吸食烟草是在 14 世纪的萨尔瓦多。

图 3-3　玛雅文明中正在抽食烟草的祭司（左）和 18 世纪烟草传到欧洲的早期烟民（右）

1492 年，哥伦布发现了新大陆。当他和他的船员们走在圣萨尔瓦多的瓜纳海尼岛的山道上时，看到一群群土著男女，人人手中都擎着一支"燃烧的炭"，一边吸，一边向空中吐着烟雾。这种景象，使他们惊异莫名。之后哥伦布把烟草从美洲带到欧洲（图 3-4）。

图 3-4　哥伦布把烟草从美洲带到欧洲

1536 年 5 月，有个叫嘉蒂的探险家经过长时间的探险，重新回到美洲见证关于印第安人使用烟草的情形，他做了比哥伦布记载更加详细的记述："他们把烟草放在太阳底下晒干，而后在他们的脖子上挂上一个小牛皮做的小袋子、一只中空的石头或者是木头，很像一支管子；一会儿他们高兴的时候，便把烟草揉成碎末安放在管子的一端，点上火，在另一端便用嘴深深地吸，使得体内完全充满了烟雾，直到烟雾从他们的嘴和鼻孔里冒出为止，就像烟囱里喷出来的烟一样。他们说这样做可以使他们保持温暖和健康。我们也曾经尝试过这种烟，把它放进我们嘴里，那种热辣的味儿，如同吃胡椒一样。"看来最初人们对香烟的观点跟现在有所不同，起码觉得香烟是种好东西。

上面讲到的都是最原始模式的香烟，形态跟现在的香烟有很大的区别，而目前普遍流通的香烟形态的形成要追溯到 1880 年，当时有个叫詹姆士·本萨克的人发明出一种奇异的机器，它可以把定量的碎烟叶置于定型管中卷成卷儿，然后用刀将其切成合适的长度。之后詹姆士·杜克对这种机器进行了革新。19 世纪 80 年代中期，美洲香烟的产量大增。后来香烟在包装方面借用了瑞典的一种对火柴进行包装的设备，实现了现代化包装。1931 年，人们本来是为了使香烟保鲜，在烟的包装外加上了一层玻璃纸。这就成为目前较为常见的香烟了（图 3-5）。

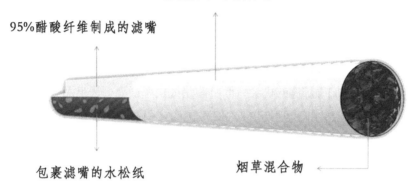

包裹烟草的卷烟纸

95%醋酸纤维制成的滤嘴

包裹滤嘴的水松纸

烟草混合物

图 3-5 香烟的结构

一般的香烟由四部分组成：过滤嘴、卷烟纸、水松纸、烟草混合物。其中过滤嘴是指卷烟的上部分，用来滤除一部分吸入烟气中的焦油，减少吸烟者吸烟后的不适感。随着科技的发展，过滤嘴本身的种类也发生了很大的变化。目前，醋酸纤维制成的过滤嘴是被广泛应用的一种。但是，滤嘴无法过滤二手烟，而吸烟者也会吸入自己制造的二手烟，因此，无法降低对吸烟者的危害，有些滤嘴则会让吸烟者吸得更深，从而造成更大的危害。值得一提的是烟草混合物，之所以称为烟草混合物，是因为大部分的香烟成分中并不单单只有烟草。生产商通常在香烟内加入大量不同的添加剂，目的是控制烟丝的成分和质量、防腐，以及改变燃点时烟雾对吸食者所能产生的感觉。有些香烟加入了丁香，目的是令吸烟者的口及肺部出现少量麻痹，从而产生轻微的快感。部分低价香烟会直接加入丁香的提取精华。而烟商推出薄荷烟的目的则是降低吸烟及二手烟的呛辣感，借此增加吸烟率。烟草点燃时的烟雾由两部分组成。气体部分占 92%，包括大量的氧与氮的无害气体、一定量的一氧化碳与微量的致癌、促癌物质（其中约有 250 种有毒或致癌物）；颗粒部分占 8%，主要就是尼古丁和烟焦油。其中尼古丁能刺激人体，亦会令人上瘾。尼古丁能减少食欲。这就是为什么大部分吸烟的人都比较瘦的原因了，有 1/3 的烟民戒烟后体重都会增加。

吸烟危害健康

无论是电视上，还是亲人们嘴边，甚至是香烟的盒子上都有提示"吸烟危害健康"，在东南亚的香烟盒子上，配发那些吸烟后病人病变伤口的可怕景象让人不忍直视。那到底吸烟有多危害健康，它又是怎样危害我们健康的呢？首先我们先上一张形象的图片（图 3-6），来分析一下吸烟都吸了什么！

我们可以看出，吸烟就相当于吸了打火机的燃料、蓄电池的芯、脱漆剂、洁厕灵……想想随便一种都要命得不得了啊，所以说吸烟等同于吸毒一点都不夸张。而且吸烟会大大增加患肺癌的机会，而肺癌是死亡率最高、最难治疗的癌症之一，80%~90% 的肺癌是由吸烟引起的，30% 由癌症引致的死亡是出于吸烟。据美国在 20 世纪 80 年代进行的某些研究，怀疑放射性元素才是吸烟导致肺癌的主因，而不是烟内的焦油。吸烟者的骨骼内含有铅 210 及钋 210，二者都是镭衰变的产物。除此以外，吸烟还会引起视力衰退、结核病、幻觉症、心脏病、坏血症、面容憔悴、眼部皱纹增多、腰酸背痛，女生吸烟的话还会得子宫癌，男生吸烟会导致阳痿。总之，为了自己也为了你原本美好的下一代着想，香烟还是不吸为妙。

目前有研究表明，本人不吸烟，只是被动吸烟或者被称为"吸二手烟"的人的健康也同样受到影响。需要特别指出的是，香烟烟雾中还含有大量的致癌物质多环芳烃，例如苯并芘、苯并蒽、二苯并菲等，这些致癌物质来源于吸烟时烟叶的不完全燃烧。这些多环芳烃随着香烟烟雾通过呼吸道进入人体，因此，被动吸烟者得癌症的比例也大大提高。通常认为多环芳烃化合物的致癌机制是多环芳烃在动物体内可通过一系列反应最终结合到 DNA 分子的腺嘌呤上，成为 DNA 的加成物，从而干扰 DNA 分子的正常复制而导致癌变。多环芳烃化合物常常导致肺癌、皮肤癌等癌变的发生。

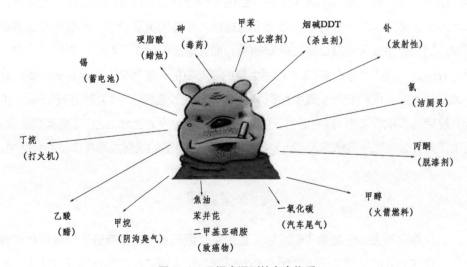

图 3-6　吸烟会遇到的有害物质

为什么吸烟会上瘾？

这与香烟中的尼古丁以及大脑皮质中的多巴胺有关。尼古丁是一种难闻、味苦、无色透明的油质液体。当尼古丁进入人体后，会产生许多作用，如四肢末梢血管收缩、心跳加快、血压上升、呼吸变快、精神状况改变（如变得情绪稳定或精神兴奋），并促进血小板凝集，是造成心脏血管阻塞、高血压、卒中等心脏血管性疾病的主要帮凶。多巴胺 [结构式 $C_6H_3(OH)_2-CH_2-CH_2-NH_2$] 由脑内分泌，可影响一个人的情绪。它的化学名称为 4-(2- 乙氨基) 苯 -1,2- 二酚。我们的大脑是个神奇的组织，看似简单的细胞组织间却执行着不同的功能。在我们感到痛苦的时候，大脑会分泌一些被称为内啡肽的化学物质，当内啡肽"击中"脑神经细胞上的"标靶"（受体）时，神经细胞就会释放出多巴胺，从而达到减轻痛楚的目的，并且会让人体验到幸福的感觉。而烟草中的尼古丁，可以代替内啡肽，促使神经细胞释放出足量的多巴胺。并且，这些外来物质的效力要远远超出我们自身分泌的内啡肽。更严重的问题是，一旦适应了这种强烈的外来"幸福"刺激，内啡肽就丧失了作用，只能依赖吞云吐雾的快感，烟瘾也就这样产生了。跟香烟保持亲密关系，也就成了寻找所谓"快乐"的途径。尼古丁的半衰期只有 2 小时，非常容易被人体代谢掉。当尼古丁被代谢掉以后，人体内的多巴胺含量会急剧下降，从而产生烦躁、恶心、头痛不适等戒断症状，直到再次摄入尼古丁，症状才能缓解（图 3-7）。尼古丁引起成瘾的机制非常类似海洛因，但是有许多研究都表明尼古丁的成瘾性比

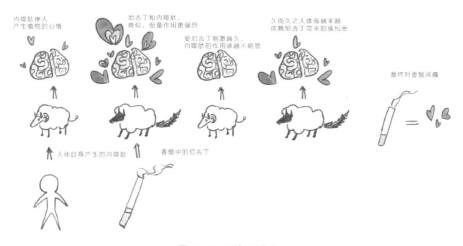

图 3-7　尼古丁成瘾

古柯碱、海洛因等毒品还要高（尼古丁的上瘾率是 30%，大麻是 9%~10%，海洛因是 23%~25%，酒精是 15%）。如果仅凭自身的意志力，只有 3%~5% 的吸烟者可以戒烟成功。

相对合理的吸烟方法

吸烟有害健康，但是对于还没有戒掉烟瘾的人们，该怎么办呢？那就先学会相对合理的吸烟方法吧。据调查，日本是世界上人均寿命最长的国家，但同时它也是世界上人均消费卷烟最多的国家。有人先后十几次到过日本大阪、东京、横滨、九州等城市，对吸烟族进行过深入的调查研究：日本吸烟族每支烟的吸食口数在 8 口以上的人很少，大部分人每支烟只吸 5~6 口，甚至有一部分人只吸 3~4 口就将烟掐掉了。在日本，一支烟的吸食口数少、吸烟时间短是普遍现象。按照吸烟口数计算，日本应当是人均消费卷烟最低的国家！由这个案例可以得出一个原则，一支烟只吸到烟的大约 1/3 处，剩下的 2/3 就不要再吸了（图 3-8）。因为烟在吸前 1/3 时，剩下的 2/3 的烟支也在起着过滤的作用，随着烟支的缩短，有害物质会不断增加，烟的味道也变得越来越差，一般的吸烟族吸到此处时恰好可以解了自己的烟瘾。如果身边的亲人们有吸烟习惯的，不妨把你知道的这个吸烟方法告诉他们。不过还是要劝诫这些吸烟者，吸烟有害健康，早戒为妙！

2/3 起过滤作用，有害物质多 | 只吸到 1/3 处

图 3-8　相对合理的吸烟方法

昂贵的香烟

随着人们生活水平的提高，各大香烟公司也适时推出了奢侈品香烟，这些香烟的售价每包一般在 150 元以上。"南京九五之尊"就是其中最出名的一种，它由江苏中烟工业有限公司下属的南京卷烟厂出品，价格每条在 1500~1800 元之间。由于原江宁房产局局长周久耕抽此天价烟，让"南京九五之尊"在网上一炮而红。

2008 年 11 月，南京市江宁区房产局局长周久耕开会时的照片被网友上传至各大论坛，网友们关注的不是周久耕本人，而是开会时他摆在自己面前的一盒烟和手上戴的表。网友进行"人肉搜索"后发现，周久耕所抽的烟正是南京卷烟厂生产的"南京"牌系列"九五之尊"香烟，手上戴的表是瑞士名表，消费水平远超其实际工资收入，存在腐败嫌疑，被网友称为"天价烟局长""周至尊"。周久耕随后受到有关部门的审查，并被移交司法机关。2011 年 6 月 15 日下午，南京市中级人民法院作出一审判决，周久耕犯受贿罪，判处有期徒刑 11 年，没收财产人民币 120 万元，受贿所得赃款予以追缴并上缴国库。

奢侈香烟已经成为大家互相攀比的不正之风，国家已经规定不得销售价格高于 1000 元一条的香烟。

香烟的"特异功能"

香烟有害健康，被人唾弃，不过它在生活中还是有些用途的。下面就来给大家讲讲香烟的神奇功能吧。

首先看看香烟的核心成分烟丝的神奇功能。如果你和朋友外出锻炼玩耍时不小心划破皮肤，不用怕，去找点烟丝贴敷伤处，可止血止痛；另外，将抽剩的烟蒂剥出烟丝，撒在厕所四周，既可除臭，又可驱虫防虫。每当听到妈妈又在抱怨厕所太臭的时候，你就可以站出来，给妈妈支这个妙招。还有，将烟丝放在抽屉里，可以去除抽屉里的霉味，将烟丝和衣服放在一起可以防虫蛀。

还有香烟烧过以后留下的烟蒂也十分有用（图 3-9）。有脚臭的人可用烟蒂

图 3-9　烟蒂（左）和烟草（右）

泡水洗鞋垫，待鞋垫晒干后再铺进鞋里穿着，可防脚臭。取香烟灰撒于脚趾痒处，可治脚趾间水泡瘙痒。如果晚上睡觉不注意防蚊，或者是外出郊游被蚊虫叮咬后，皮肤发痒，可取香烟灰放于杯内，加水数滴，调成糊状，擦在蚊虫叮咬处，即能止痒解毒。家里有养植物的同学，如果花盆中出现虫蚁，可将烟蒂、烟丝用热水浸泡一天，待水变成深褐色时，将一部分水洒在花的枝叶上，其余的稀释后浇在盆中，既可消灭虫蚁，又可改善土质。烟蒂还可以除玻璃油污，厨房中的玻璃或纱窗、容器被油烟熏污需清洗时，可用洗衣粉水再加几个烟蒂，用抹布蘸此水擦洗，效果极佳。假如家里卫生间便池积垢后很难清洁，不妨用塑料刷蘸浓烟蒂水擦拭，污垢就很容易被清除。

 看基德炫魔术

抽烟时的烟雾缭绕是许多烟民追求的感觉，其实不抽烟，也可以产生大量烟雾！

空杯生烟

魔术名称：空杯生烟

魔术现象：抽去玻璃板后，烧杯交界处迅速产生大量烟雾。

魔术视频：

扫一扫，看视频

追柯南妙推理

琼斯先生是著名画家，爱好吸烟。一天，一通电话响起："不好意思，我是人寿保险的业务员，想占用您一点时间……"琼斯先生刚想拒绝，对方说："那我下午来，只用您两分钟，再见！"

琼斯先生刚挂了电话，又响了，他拿起电话生气地说："我下午也没空……哎哟，是老朋友啊，下午有空，我等你来！"原来是以前的好朋友，经常一起抽烟聊天。

而就在这天，琼斯先生被杀。目暮警官来时发现烟灰缸里有一堆烟头，房门口有一个被吸了一半的烟头。还了解到下午来了两个人，一个是他的老朋友，一个是推销员。

你能推测出谁是嫌疑人吗？

跟灰原学化学

尼古丁是一种难闻、味苦、无色透明的油质液体，极易进入人体。当尼古丁进入人体后，会产生许多作用：如四肢末梢血管收缩、心跳加快、血压上升、呼吸变快、精神状况改变（如变得情绪稳定或精神兴奋），并促进血小板凝集，是造成心脏血管阻塞、高血压、卒中等心脏血管性疾病的主要帮凶。人的致死量是50~70毫克，相当于20~25支香烟的尼古丁的含量。尼古丁的化学式为 $C_xH_yN_z$，其分子量为162，氢占8.7%，氮占17.3%，请大家推断一下尼古丁的化学式。

听博士讲笑话

喝饮料

邻居家的豪豪今年四岁了，特别喜欢耍小聪明。有一天到我家玩，发现我的电脑桌子上有个可乐的易拉罐，于是拿起来晃了晃，还有水声。豪豪便问我的爸爸："爷爷，这饮料还要不要？"

我爸爸说："不要了。"

他说："那我去给你倒了吧。"

然后到厨房……

突然听到他"哇"的一声，众人赶到厨房，只见他手里拿着易拉罐，满嘴的黑色液体，嘴里还咬了两个烟蒂……

原来这个可乐易拉罐是我平时当烟灰缸的！里边放了水，是想着更好地熄灭烟头……

 # 推理解答、习题答案

【推理解答】

凶手是推销员。烟灰缸里一堆烟头是和朋友一起抽的，因为如果得知老朋友来访，再怎么也要收拾一下，所以一堆烟头一定不是单独抽的。而题目关键提到了人寿保险。所以可以联想到高额保金这类案例（雇凶杀人获取保金）。房门口吸了一半的烟头，是因为提前知道是推销员所以没有熄灭烟就去开门打算直接拒绝的，结果被凶手杀害后香烟燃了一半就熄灭了。（如果不知道来的人是谁的话，著名画家一定会注意公众形象的，应该会熄灭烟去开门，万一是个记者或者是约稿的人呢。）烟头应该不是推销员丢的，因为会留下相关证据。所以综上所述，和老朋友一起抽烟后，老朋友离开，然后推销员来了，杀死了画家，凶手是推销员。

【习题答案】

$12x/162=1-0.087-0.173$

$y/162=0.087$

$14z/162=0.173$

计算得其化学式为 $C_{10}H_{14}N_2$

尼古丁的化学结构

魔术揭秘

魔术真相：浓氨水与浓盐酸均具有挥发性，在烧
杯交界处二者接触时生成氯化铵。

$$NH_3 \cdot H_2O + HCl = NH_4Cl + H_2O$$

实验装置与试剂：浓盐酸，浓氨水，烧杯，玻璃板。

操作步骤：将浓盐酸和浓氨水分别涂抹在两个烧杯底部，
用玻璃板隔开对立放置，氨水在上，盐酸在下，
然后抽去玻璃板。

扫一扫，看视频

危险系数：☆☆☆

实验注意事项：本实验使用了浓盐酸等具有腐蚀性的
物质，请操作时务必戴好防护手套，避免皮肤受伤。

毒品化学

——《大阪 3K 事件》

跟小兰温剧情

在上个章节里，我们了解到香烟容易成瘾，实际上，真正成瘾性很强、危害很大、成为世界各国政府公敌的是另外一类成瘾物质，也就是本章向大家介绍的毒品，如海洛因、鸦片等。下边我们就结合《名侦探柯南》来看看什么是毒品。

《名侦探柯南》动画片《大阪 3K 事件》剧集中讲述了美国的雷·卡提斯等三位著名运动员在日本开了家名为"3K"的新餐厅。柯南和平次受邀出席了餐厅的开幕式。在小兰等人用灯摆出一个"K"字造型时，突然枪声响起，一名记者在二楼被枪杀。

雷的嫌疑无疑是最大的，但他有着不在场证明。视足球运动员雷·卡提斯为偶像的柯南想要为其辩白。但经过调查后柯南却发现雷确实是杀人凶手。雷将足球踢到拖布上带动房门打开了灯，从而制造了不在场证明。而且柯南非常失望地发现雷已经在吸毒了，当柯南全力向雷踢球时，他却因为吸食毒品已经没有能力接住柯南踢的球了。

雷说因为那个记者害死了他的妻子，所以他吸毒了，并试图用吸毒来吸引这个记者前来从而创造杀人机会。柯南的回答只有一句："吸毒和杀人是绝不能干的犯规行为，这只能令你得到可耻的红牌。"

在这集中，雷是因为吸毒才一步步走向犯罪的深渊的，毒品成了最大的"元凶"。

那么，现在就让我们走近这个神秘的凶手⋯⋯

 跟光彦学知识

　　毒品一般是指使人形成瘾癖的药物，毒品对人的危害是很大的；所有吸毒者的毒瘾发作时都有打哈欠、关节痛等症状。在本集《大阪 3K 事件》中，雷也表现出了类似的情况。吸毒的人无法戒毒是因为吸毒带来的快感以及无法忍受毒瘾发作时的肌肉与关节剧痛。从毒品对人体的危害而言，由浅入深可分为大麻、冰毒、摇头丸等软毒品（图 4-1）以及可卡因、海洛因等硬毒品。茶、可可、咖啡、烟草等植物制品大量使用也可以使人成瘾，但是危害性通常较小，原则上不把这些植物制品看作毒品（图 4-2）。

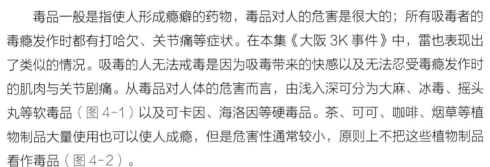

图 4-1　大麻（左）、冰毒（中）和摇头丸（右）

图 4-2　各种可成瘾的植物制品

鸦片是所有这些毒品中在中国知名度最高的一种。它是罂粟果实中的乳状汁液烘干后制成的一种毒品（图 4-3）。罂粟是一种一年生或者两年生的草本植物，原先产于南欧及小亚细亚，在公元前 5 世纪左右，希腊人把罂粟的花或果榨汁入药，发现它有安神、安眠、镇痛、止泻、止咳、忘忧的功效，鸦片中含有多种有成瘾性的化合物，主要为罂粟碱，它的分子式是 $C_{20}H_{21}NO_4$，这是一种异喹啉生物碱（图 4-4）。鸦片分为生鸦片和熟鸦片。生鸦片呈褐色，有些品种则呈黑色，可制成圆块状、饼状或砖状，一般表面干燥而脆，里面则保持柔软和有黏性，有刺激性气味。熟鸦片就是生鸦片经过烧煮和发酵后，制成条状、板片状或块状。其表面光滑柔软，有油腻感，呈棕色或金黄色，通常包装在薄布或塑料纸中。吸毒者吸食时，熟鸦片可发出强烈的香甜气味。100~200 年前的中国清政府无法禁止鸦片，亦无法限制鸦片的使用，而西方国家大力倾销到中国的鸦片，逆转了西方世界对中国的贸易逆差，这些鸦片让许多中国人成为"东亚病夫"。1839 年 6 月 3 日，林则徐在虎门海滩销毁鸦片，采用石灰浸化后冲入大海的办法，销毁鸦片总重量达 2376254 斤（1斤 =0.5 千克），向全世界宣告了中华民族决不屈服于侵略的决心。虎门销烟是人类历史上旷古未有的壮举，也成为世界范围内打击毒品的标志性历史事件。随后英

图 4-3　罂粟

图 4-4　罂粟碱（分子式 $C_{20}H_{21}NO_4$）

国发动侵略中国的战争，也被称为鸦片战争。后因战事不利，道光帝与英国议和，签订了《南京条约》。中国第一次向外国割地、赔款、商定关税，严重危害了中国的主权，使中国开始沦为半殖民地半封建社会。历史上通常以鸦片战争作为中国近代史的开端。

吗啡也存在于鸦片中，含量约为10%。吗啡具有一定的酸性，现常在医学上作为麻醉剂（图4-5）。连续使用3~5天即产生耐药性，一周以上可致依赖（成瘾）性。

海洛因与吗啡的结构很类似，它也是吗啡的二乙酰衍生物。海洛因的毒性和成瘾性更大。一百多年前，德国的一家药品生产公司合成了一种可疑的药剂，在一些不知情的人身上做试验。在实施了很少几次试验之后，公司就草率地将这种东西当成药品四处贩卖，还把它吹嘘成包医百病的万能药剂。这种药成为全球畅销的药品。这家德国公司大发横财，其原因之一也在于这种药能让人上瘾。

几年之后，公司没有人愿意再谈起这一药物。现在这种物质不再是公司的产品了，它是魔鬼的杰作。曾经用途广泛的药品现在在世界各国被宣布为非法，制造它的人被认定是犯罪分子，贩卖它的人在这个世界的某些地方是要掉脑袋的，消费它的人则作为等死的人被排斥于社会的边缘。上面所说的公司的名字叫拜尔（Bayer）。拜尔公司发明的这种药物就是海洛因。

一位自愿用药体验海洛因的医务工作者写道："在一种似睡非睡的状态中，我躺在床上，却感到身下的床不再存在，我好像浮在空气中，我的身体可以随意变形。当我伸手时，我的手可以摸到无际的天空，当我张嘴时，我的嘴可以吃掉地球。真可谓想什么来什么，要什么得什么。最后在一种极乐的快感中，我的肉体不存在了，只剩下漂游的灵魂。"

大麻是一种常见的软性毒品，主要成分是从大麻叶中提取的一种药物，大麻酚，分子式为 $C_{21}H_{26}O_2$（图4-6）。大麻叶中含有多种大麻酚类衍生物，目前已能分

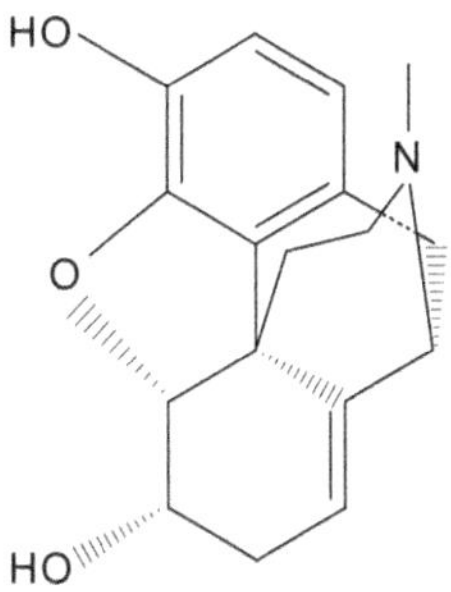

图4-5 吗啡（分子式 $C_{17}H_{19}NO_3$） 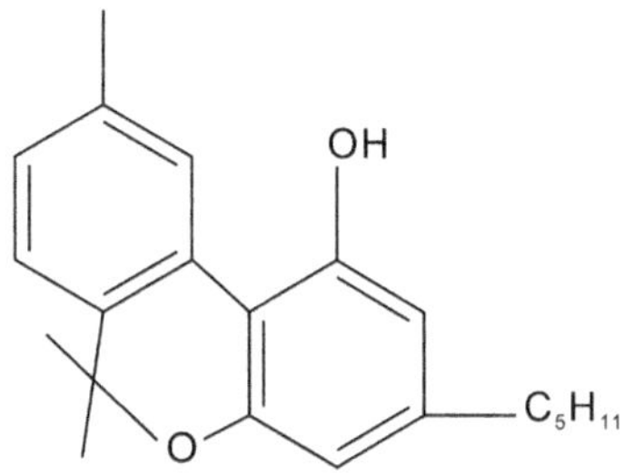　图4-6 大麻酚（分子式 $C_{21}H_{26}O_2$）

离出 15 种以上，如大麻酚、大麻二酚、四氢大麻酚、大麻酚酸、大麻二酚酸、四氢大麻酚酸等。大麻酚及它的衍生物都属于麻醉药品，并且毒性较强。大量或长期使用大麻，会对人的身体造成严重损害，如意识不清、焦虑、抑郁、思维迟钝、木讷、记忆混乱等。

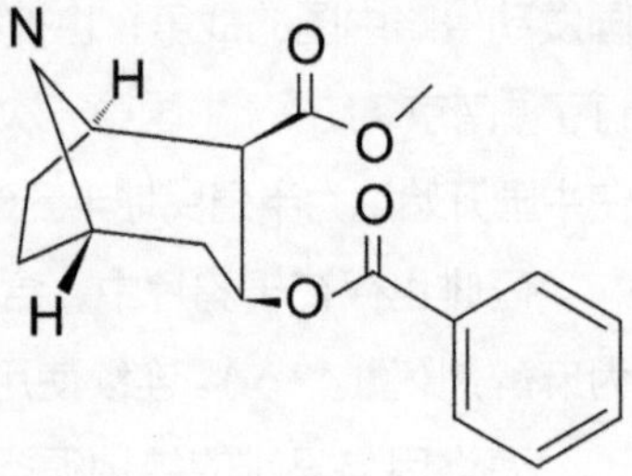

图 4-7　可卡因（$C_{17}H_{21}NO_4$）

　　可卡因是从古柯树叶中提取的一种药物，又叫古柯碱，是一种莨菪烷型生物碱，分子式为 $C_{17}H_{21}NO_4$，结构式如图 4-7 所示。古柯碱是无色无臭的单斜形晶体。可卡因对消化系统、免疫系统、心血管系统和泌尿生殖系统都有损伤作用，尤其作为剂量依赖性肝毒素，可导致肝细胞坏死。

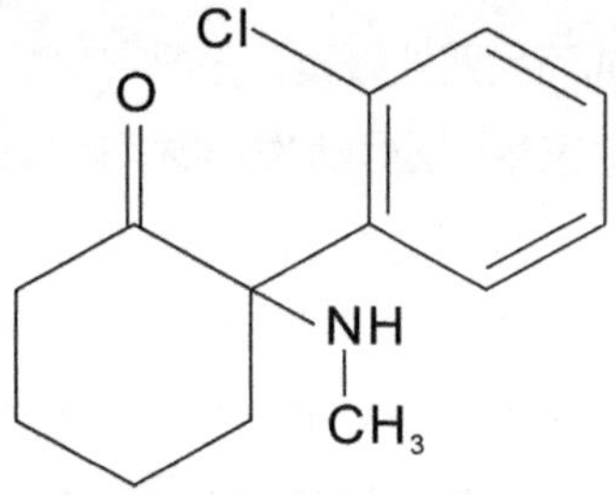

　　氯胺酮是一种具有镇痛作用的静脉全麻药（图 4-8），可选择性抑制丘脑内侧核，阻滞脊髓网状结构束的上行传导，兴奋边缘系统。此外，对

图 4-8　氯胺酮

中枢神经系统中的阿片受体也有一定的亲和力。氯胺酮可以产生一种分离麻醉状态，其特征是僵直状、浅镇静、遗忘与显著镇痛，并能进入梦境，出现幻觉。氯胺酮也就是俗称的 K 粉！慎用！

　　冰毒的学名是甲基苯丙胺，因其外观为纯白结晶体，晶莹剔透故被吸毒者、贩毒者称为"冰"，又因其毒性剧烈，人们便称之为"冰毒"。该药小剂量时有短暂的兴奋抗疲劳作用，故其丸剂又有"大力丸"之称！滥用冰毒将对滥用者的重要生命器官和精神系统造成不同程度的损害，尤以精神系统的损害为慎。冰毒由于结构相对比较简单，因此，也常常有不少人想通过化学合成的方法制备，国内外警方均有不少破获制造冰毒的案件。还有部分犯罪分子通过提取康泰克的有关成分来制备冰毒的例子。国家为了控制犯罪分子制造毒品的原料，规定了盐酸、甲苯等多种常见化学试剂为易制毒试剂，采购以及销售的单位必须通过资质认证，用量需要提前一年做计划等，通过这种方法，政府有效地控制了毒品制造的源头。

　　摇头丸的化学名称是亚甲基二氧甲基苯丙胺，简称 MDMA，俗称"迷魂药"，是冰毒的衍生物，广义上冰毒还包括摇头丸。摇头丸是安非他明类衍生物，外观是白色药片，有强烈的兴奋和致幻作用，一个常见的表现就是不断地甩头。长期服用可造成行为失控、精神病和暴力倾向，过量服用则可造成猝死，近来已发生多起摇头丸死亡案例。

应该注意到，冰毒以及摇头丸等毒品的成分中都含有苯丙胺官能团。含有苯丙胺官能团的化合物还有很多，这些化合物往往都有兴奋神经中枢的作用，如精神活跃、情绪高涨、容易激动，工作效率和能力均有一定的提高，并且还伴随着欢快与精神愉悦的感觉。上个章节里提到吸烟成瘾的物质——多巴胺也含有苯丙胺官能团，因此，吸烟成瘾与吸毒成瘾还是有着许多共通之处的。在后面的巧克力部分章节中也会提到。爱情之所以兴奋、甜蜜、让人着迷，也是与苯丙胺成分密不可分！

苯丙胺类化合物可以兴奋神经中枢，在 20 世纪 40 年代，有一些国家的运动员便开始把这类化合物作为提高运动成绩的秘密武器进行服用。后来，经过医学专家调查验证，75% 以上的运动员可通过服用苯丙胺类化合物提高运动成绩。由于运动员服用该类化合物将产生对药物的依赖性，吸毒成瘾，剂量与次数也会不断增加，同时导致心理健康受到极大的影响，最后导致多种疾病暴发。因此，苯丙胺类化合物对运动员的生理与心理均有极大的危害，国际奥委会于 1960 年将苯丙胺纳入违禁兴奋剂名录。

 随优作忆典故

明星和毒品

2014 年，演艺明星房某与柯某吸食大麻案震惊了全国，这并非明星与毒品相连的个案，前几年的菲尔普斯吸食大麻是一个令世界震惊的消息，它足以摧毁一位奥运史上最伟大的运动员的职业生涯——英国《世界新闻报》报道，北京奥运会"八金王"菲尔普斯被抓拍到在北京奥运会后吸食大麻！而他手中的玻璃针管正是吸食烟雾大麻的常用品。

与菲尔普斯类似，一代球王马拉多纳也因吸毒而身受毒祸。几乎靠他的一己之力，马拉多纳带领阿根廷队夺得 1986 年世界杯冠军，之后身在巅峰的马拉多纳染上毒瘾，并在 1991 年，因他服用可卡因未能通过药检被禁赛 15 个月。1994 年，老马复出，在世界杯上阿根廷也一度被认为是夺标大热门。可不久老马便因为被查出吸毒而遭驱逐，阿根廷缺乏了主心骨，在 1/8 决赛便折戟沉沙，止步十六强，十分遗憾。此后的马拉多纳日渐乖张，频频曝出枪击记者或者暴饮暴食的丑闻，这就是毒品的"功劳"。而之后他因为吸毒多次被送往医院急救，险些英年早逝。

毒品与生活

2009 年 3 月 30 日，国家食品药品监督管理局（现国家市场监督管理总局）发布通知，针对个别餐饮消费者在火锅中使用罂粟壳的违法行为，将严格查处。这些不法火锅店将罂粟壳与其他佐料一起制成混合作料，掺杂在食物中，以此来吸引消费者。结果，火锅店因回头客增多发了财，而食客却在不知不觉中对罂粟壳产生了依赖性而成瘾，身体也因此受到伤害。那么怎样识别火锅和食物中加了罂粟壳呢？

第一，从外观上识别。罂粟壳外形为枣核形，如鸽子蛋大小，一头尖，另一头呈 9~12 瓣冠状物。

第二，初吃加了罂粟壳的火锅和卤制品后，一般有心跳加快、脸微红、口感舒服、吃后不易入睡等感觉。

第三，要揭露这种犯罪，就需要留下不少于 50 毫升的火锅汤送公安局检验。

 追柯南妙推理

毒品交易案

警方的一个卧底潜伏在某贩毒集团中，收到消息说于今日会进行一次毒品交易。警方收到卧底给的消息是这样的："贩毒集团，今日15:00在信号塔塔尖进行毒品交易。"警方比交易时间提前了一个小时埋伏在信号塔附近，但是过了15:00之后，还是没有发现可疑人员。突然千叶警官提出疑问："信号塔塔尖，能站人吗？不可能吧……"目暮警官立刻恍然大悟说："糟糕，他们已经完成交易了！"

请问交易是如何进行的？

 跟灰原学化学

吗啡和海洛因都是严格查禁的毒品。吗啡分子中C、N、H的质量分数依次为：71.58%、4.91%、6.67%，其余是氧。（1）通过计算得出吗啡的分子量（不超过300）是＿＿＿＿＿＿＿＿＿＿＿＿；吗啡的分子式是＿＿＿＿＿＿＿＿＿＿＿。（2）已知海洛因是吗啡的二乙酸酯。海洛因的分子量是＿＿＿＿＿＿＿＿＿＿＿；分子式是＿＿＿＿＿＿＿＿＿＿＿。

听博士讲笑话

有一天，在森林里一只兔子正在快乐地奔跑，它碰到一只大象，大象正在抽鸦片，兔子说："大象大象，你为什么要伤害自己呢？快来跟我一起在这美好的大森林里奔跑吧！"于是大象跟上兔子一块在森林里快乐地奔跑。他们跑着跑着碰到一只猴子，猴子正在吸大麻，兔子说："猴子猴子，为什么要伤害自己呢？快来跟我一起在这美好的大森林里奔跑吧！"于是猴子跟上兔子一块在森林里快乐地奔跑。他们跑着跑着遇到一只狮子，狮子正卷起袖子准备用针管打海洛因，兔子说："狮子狮子，为什么要伤害自己呢？快来跟我一起在这美好的大森林里奔跑吧！"狮子听了扔掉针筒，暴跳起来把兔子狠狠揍了一顿。

大象和猴子在一旁吓得发抖，说："狮子，小兔子这么有爱心，教我们不要伤害自己，你为什么要打它呢？"

狮子说："死兔子，每次磕了摇头丸就要我陪他在森林里疯跑！"

看基德炫魔术

其实大部分毒品某种程度上都是麻醉剂。这里有一种液体麻醉剂，闻起来居然是甜的嗅觉！

甜蜜的嗅觉

魔术名称：甜蜜的嗅觉

魔术现象：鼻子靠近瓶口，用力吸一大口，感觉是甜甜的气味。

扫一扫，看视频

魔术视频：

 推理解答、习题答案

【推理解答】

首先明确电视塔塔尖无法站人。15:00 正是阳光强烈的时候，影子也最为清晰。当塔尖的影子清晰地投在地上的时候，交易的时间就到来了，交易地点就是塔尖的影子所指的地方。

一个缜密的贩毒团伙，要防止消息流露出去，当然要在消息上面加上双重密码。于是就有了"今日 15:00 在信号塔塔尖进行毒品交易"这条消息。罪犯巧借人们的第一直觉和思想误区，才得以交易成功。

狡猾的贩毒集团，光天化日朗朗乾坤地就交易成功了。

【习题答案】

（1）根据已知数据，可计算氧的质量分数为：

1−71.58%−4.91%−6.67%=16.84%，则吗啡中 C、H、N、O 原子数最简整数比为 C：H：N：O=17：19：1：3，则最简式为：

$C_{17}H_{19}NO_3$，最简式式量为 $12×17+1×19+14×1+16×3=285$。因吗啡的分子量不超过300，故吗啡的分子量为最简式式量，即285，其分子式就是最简式 $C_{17}H_{19}NO_3$。

（2）因为海洛因是吗啡的二乙酸酯，根据酯化反应的过程：

$CH_3COOH+R-OH → CH_3COOR+H_2O$，则每1分子 CH_3COOH 参加酯化反应所生成的酯比原来的醇的分子量增加 $60-18=42$。由于海洛因是吗啡的二乙酸酯，则海洛因的分子量比吗啡增加 $42×2=84$，所以海洛因的分子量为 $285+84=369$。海洛因的分子组成比吗啡增加 $2(C_2H_4O_2-H_2O)=C_4H_8O_2$。故海洛因的分子式为：$C_{17}H_{19}NO_3+C_4H_4O_2=C_{21}H_{23}NO_3$。

魔术揭秘

魔术真相：氯仿是种常见的化工原料，在早期也作为麻醉剂，它的气味吸入鼻腔后，刺激大脑皮质，反馈这个物质是甜的。所以无需食用，大脑也可以产生甜味的愉悦感觉，这是甜味嗅觉产生的原因。

扫一扫，看视频

实验装置与试剂：氯仿。

操作步骤：鼻子靠近瓶口，用力吸一大口。

危险系数：☆☆☆

实验注意事项：氯仿具有毒性，切忌食用。氯仿的密度较大，移动时请抓紧，以免泼洒或者摔碎容器。

5

那些年，
我们容易记混的各种石灰
——《新闻照片杀人事件》

跟小兰温剧情

在上个章节里，我们了解到林则徐虎门销烟采用的是石灰浸化鸦片后冲入大海的办法。石灰是我们中学化学课堂中经常出现的物质，下面我们就结合《名侦探柯南》来回顾一下那些年我们容易记混的各种石灰吧。

《名侦探柯南》动画片《新闻照片杀人事件》剧情讲述的就是一个利用石灰产生大量热来延时点火，从而制造火灾来杀人的案件。

柯南与小五郎一行被邀请参加摄影颁奖仪式，在宴会上认识了摄像师柳隆一郎和记者中井晃。就在那天晚上他们接到中井的电话，他刚说到有人要杀他时电话就突然挂断……当柯南赶到的时候，发现中井的家里发生了火灾，而且中井从窗户里摔了出来。凶手利用生石灰与水反应，生成大量的热，引燃了周围的可燃物，使被害人无处逃生，最终从高楼坠落致死。凶手并非第一次采用本方法作案，他此前为了获得第35届季刊性摄影奖（相当于现实生活中英国的普利策新闻奖）而设计了这一手法抓拍到受害人坠楼的场景。凶手为了获奖并制造不在场证据，不择手段，不惜用杀人来达到自己的目的。幸好有"沉睡的小五郎"，才得以揭穿其不可告人的阴谋。

扫一扫，观看本章
网络MOOC视频

这集的重点是犯罪分子利用石灰设计了延时点火装置从而完成不在现场的谋杀。石灰成了最大的"元凶"。那么，现在就让我们走近这个我们熟悉而又神秘的物质……

石灰，主要指生石灰，林则徐虎门销烟也采用的是生石灰。其主要成分为氧化钙（CaO），其中掺杂一定量的氧化镁（MgO）。将生石灰和水混合会产生化学反应，放出大量的热，并生成熟石灰，即氢氧化钙 [$Ca(OH)_2$]（图 5-1），当热量积攒到一定程度就能引发火灾，这也就是本集柳隆一郎制造延时点火的关键因素。石灰岩见图 5-2。

反应生成的熟石灰呈碱性，微溶于水，1 升水能溶解 1.56 克熟石灰。而熟石灰与二氧化碳（CO_2）产生化学反应则能生成石灰石，即碳酸钙（$CaCO_3$）沉淀。

在现实生活中，生石灰主要通过煅烧石灰石制得，把石灰岩或贝壳煅烧后即可得到需要的生石灰。石灰岩和贝壳的主要成分是碳酸钙。首先把碳酸钙加热至

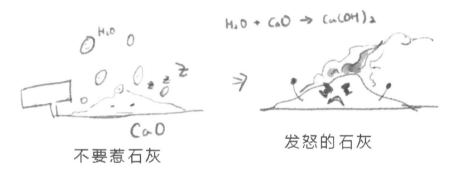

图 5-1　生石灰与水混合会放出大量的热

图 5-2　石灰岩

1100℃，就会分解成氧化钙与二氧化碳。将二氧化碳排出，即得生石灰。

工业制备生石灰的工艺发展至今已渐趋成熟。原始的石灰生产工艺是将石灰石与燃料（木材）分层铺放，引火煅烧一周即得。现代则采用机械化、半机械化立窑以及回转窑、沸腾炉等设备进行生产。煅烧时间也相应地缩短，用回转窑生产石灰仅需 2~4 小时，比用立窑生产可提高生产效率 5 倍以上。

通过煅烧石灰石来制备生石灰的方法也是由来已久的，在古代也同样"赫赫有名"。在文学史上它又为诗人们所争相赞颂，譬如明代于谦（图 5-3）的《石灰吟》。

石灰吟

【明】 于谦

千锤万凿出深山，
烈火焚烧若等闲。
粉骨碎身浑不怕，
要留清白在人间。

图 5-3 于谦

这首诗很好地说明了石灰石的开采过程与化学反应。首先，需要从深山中通过千锤万击开采出石灰石，然后通过高温的烈火来进行烘烤、焚烧，促使石灰石分解，分解后的石灰石由块状的石头变为细细的生石灰粉末，这粉末是清清白白的颜色。当然，这首诗也表达了诗人即便经历千辛万苦，遭遇各种磨难仍然品质高洁，追求清清白白的远大追求。《石灰吟》的作者于谦是明代伟大的民族英雄。这首《石灰吟》正是他最好的人生写照。

正统十四年（1449 年），蒙古族瓦剌部入侵，发生土木之变，明英宗被俘。在明王朝危在旦夕的时候，时任兵部尚书的于谦，完全可以接受其他朝中政要的建议，将明都南迁。可考虑到京城百姓的安危，他提出了"社稷为重君为轻"的主张，力阻南迁，亲自指挥数十万军民进行了名扬青史的北京保卫战，击退瓦剌，挽狂澜于既倒，在中国历史上书写了壮烈辉煌的一页。保卫战后，于谦遭遇明英宗"夺门之变"，无辜被杀，但是他确实以他的"粉骨碎身浑不怕"，实现了"要留清白在人间"的人生理想，也成为 500 年来中华民族学习的楷模。

用途

干燥剂

提到生石灰在生活中的用途，人们最熟悉的莫过于建筑行业，它是水泥的重要成分。为什么水泥遇水就会变硬呢？水泥是先把石灰石和黏土配制成生料，然后在高温下煅烧成熟料，再掺加少量石膏等物质细磨而成的。从化学成分而言，水泥是含有生石灰成分的硅酸盐或者铝酸盐的混合物。当水泥与水混合时，硅酸钙和铝酸钙会与水发生化学反应，生成水合物。水泥颗粒的体积便逐渐变大，并慢慢连接在一起。颗粒间的空隙也越来越小。时间越长，水泥越硬，密度也越大，最后就结成了大块的"人造石头"。

另外，由于石灰的吸水性，材料的普遍和价格的低廉，也常被用作干燥剂，过去常常用于食品干燥剂的制造。采用无纺布包装的生石灰干燥剂曾通行十多年（图5-4）。不过，需要注意的是，生石灰干燥剂遇水会放热，产生高温，并生成强碱。误食此类干燥剂后，可能对眼睛、呼吸道、皮肤产生刺激和灼烧感，出现流眼泪、眼睛溃疡、喉咙疼痛等不适症状。此时，应在家先喝水稀释，并及时送医做进一步处理。

正是由于生石灰作为食品干燥剂的危险性，目前市面上越来越多地被塑料包装的硅胶干燥剂所代替。透明的硅胶干燥剂，其本身都是不可食用的，因此要时刻注意，避免误食。不过，硅胶本身是无毒的，在胃肠道不能被吸收，可由粪便排出体外。这种干燥剂对人体无毒性，不需做任何的处理，除非出现了头晕、呕吐等特殊反应，此时就必须赶快就医。

图5-4 石灰干燥剂

食用

说到石灰人们自然而然想到建筑，而令绝大多数人无法想象的是石灰可以用来做菜。湖南名菜石灰蒸蛋的原料里就采用了我们熟悉的生石灰。石灰水蒸蛋是一道营养丰富且风味独特的乡村美味，其味道鲜美，口感醇厚细腻，在全国各地流传甚广（图5-5）。石灰蒸蛋是蛋液和石灰水等混匀后经热处理加工的风味食品。人们会有这样的疑问，石灰具有腐蚀性又为什么可以食用呢？原来，并不是把石灰加入鸡蛋里面食用，而是将石灰溶在水里，沉淀一段时间，取其上层清液加入鸡蛋，而此时的上清液中所含的氢氧化钙的量极少，对人体也没什么威胁。不仅如此，据说这样做出来的石灰蒸蛋富含钙质，还可以促进青少年骨骼的生长。

还有美味的皮蛋（图5-6），制作的过程也要靠石灰。在制作皮蛋的过程中，石灰液的浓度、石灰的质量是关键。查验石灰质量和浓度的方法是：打破一枚鸡蛋放在已制好的石灰碱液中，在1~2分钟内蛋白凝固说明石灰质量可靠、浓度适宜，若凝固时间过长，说明石灰碱液的浓度小或石灰质量不佳；若凝固时间过短，说明石灰碱液的浓度过大。

说起皮蛋来还有一段有趣的小故事。相传明代泰昌年间，江苏吴江县有一家人所养的鸭在家里的一个石灰卤里下蛋，这些蛋在两个月后被发现，剥皮而看，蛋白蛋黄皆已凝固。本以为不能吃了，谁知剥开一看，里面黝黑光亮，上面还有白色的花纹，闻一闻，一种特殊的香味扑鼻而来；尝一尝，鲜滑爽口。这就是最初的皮蛋。后来，经过人们不断摸索改进，皮蛋的制作工艺日臻完善。

从古至今的医书还记载，石灰可以治病：其对治疗下肢溃疡、慢性支气管炎、烧烫伤以及头癣等都有一定的功效。自古就有石灰入药的记载，依李时珍《本草纲

图5-5　湖南名菜石灰蒸蛋

图5-6　皮蛋

图5-7 《鹿鼎记》剧照，韦小宝（左）和皇上（右）

目》言："石灰，今人作窑烧之，一层柴，或煤炭一层在下，上累青石，自下发火，层层自焚而散。入药惟用风化、不夹石者良。"古人常将石灰、雄黄联用以除去蛇虫侵扰。

石灰的强腐蚀性和遇水放热的性质在逃跑的时候也是一绝。奔跑前，轻轻往敌人前面撒上一把石灰，保证敌人无论如何也追不上你。《鹿鼎记》里大名鼎鼎的韦爵爷就深得其中精华，撒得一手好石灰（图5-7）！

更令你想不到的是现实生活中竟然也有人深谙此道。据称广西一名正在销赃的男子被当地警方伏击追赶时，竟像影片中的情节一样，掏出随身携带的生石灰粉撒到民警脸上并跳下六米多深的路坎逃跑。民警一路流泪猛追，最终将该男子擒获。

不过石灰可不是什么好玩的东西，轻易对人撒石灰只会造成害人害己的后果，切不可轻易学习！

其他石灰成员

在大千化学世界里，除了生石灰以外，还有许多与"石灰"有关的化学物质。熟石灰、消石灰、石灰石、石灰水、石灰浆……这些仅差一字的名称，往往让初看者头疼不已。其实，熟石灰和消石灰都指的是氢氧化钙，石灰石指的是碳酸钙，石灰水又称澄清石灰水，指的是氢氧化钙溶液，剩下的石灰浆则对应的是氢氧化钙悬浊液。

下面就来简单熟悉一下这些石灰家族成员。

熟石灰

首先出场的是熟石灰（氢氧化钙），相信大家对它并不陌生（图5-8）。氢氧化钙，白色粉末状固体，又名消石灰，具有碱的通性，是一种强碱，有腐蚀性，微溶于水，并放出大量的热。由于氢氧化钙具有强碱性，其能与玻璃的主要成分二氧化硅（SiO_2）发生化学反应，生成硅酸钙（$CaSiO_3$）沉淀，因此不能置于带玻璃塞的试剂瓶中，以避免发生沉淀沉积在瓶塞上，由于黏着而无法打开试剂瓶的情况。

图5-8　熟石灰（氢氧化钙）

工业上制备熟石灰的方法一般为石灰消化法。其具体步骤如下：将石灰石煅烧成氧化钙后，经精选与水按1 : （3~3.5）的比例消化，生成氢氧化钙料液，经净化分离除渣，再经离心脱水，于150~300℃下干燥，再筛选（120目以上）即为氢氧化钙成品。

氢氧化钙的用途多种多样，主要用于为建筑、农业及工业三方面。熟石灰是重要的建筑材料。它可以与黏土、黄砂调成砂浆，用于堆砌砖石，也可以直接用于墙壁的粉刷。石灰浆涂到墙上后，里面的氢氧化钙会与空气中的二氧化碳发生反应，生成碳酸钙，使墙体变得更为坚固；在乡下，有时会在刚刷好的屋里烧炭来生成相应的二氧化碳，使墙更快变硬。

据说两千多年前，我国在建筑长城时就已经大量使用了熟石灰。长城这个人类建筑史上罕见的宏伟工程，始建于春秋时期，终于明代。最初的长城是用土、熟石灰夹杂小石子后夯实而成的，后来改用土坯建筑。到了明代，外墙采用砖和砂浆砌成，熟石灰都是其中必需的成分。因此，可以毫不夸张地说：如果没有石灰，就不会有绵延万里的伟大长城。

而在农业中，利用氢氧化钙可以轻松地制作波尔多液作为农药，其反应方程式如下：

$$Ca(OH)_2 + CuSO_4 = CaSO_4 + Cu(OH)_2 \downarrow$$

波尔多液的主要功效就体现在其铜（Cu）元素上。这种用于果树和蔬菜的天蓝色黏稠的悬浊液农药，是通过其中的铜元素来消灭病虫害的。其中不仅利用了氢氧化钙能与硫酸铜（$CuSO_4$）反应的性质，也利用了氢氧化钙微溶于水的特点，使药液呈黏稠性，有利于药液在植物枝叶上附着。另外，氢氧化钙与空气中的二氧化碳反应，生成难溶于水的碳酸钙，也有利于药液附着于植物表面一段时间而不被雨水冲掉。此外，利用氢氧化钙的强碱性可以改变土壤的酸碱性：将适量的熟石灰加入土壤，可以中和土壤的酸性，改变土壤的酸碱性。

在工业领域中，氢氧化钙可以用来制备氢氧化钠（NaOH，亦称火碱、烧碱、苛性钠），以及价格低廉的漂白粉 [$Ca(ClO)_2$]。除此以外，在很多我们意想不到的地方，也能看到熟石灰氢氧化钙的身影，譬如食品添加剂、我们经常看到的画在操场跑道上的白线等等。同时，其在牙体牙髓治疗中所起的临床效用在国际上也已被广泛认同。

碳酸钙

熟石灰氢氧化钙与二氧化碳反应后会生成碳酸钙。

碳酸钙，白色粉末，无臭、无味，露置空气中不反应，不溶于醇。

碳酸钙的应用十分广泛。在冶金行业中，它是良好的助溶剂。在建筑材料制造业中，它是生产水泥、石灰、人造石的原料。农业上用它来中和二氧化硫（SO_2）及酸性土壤，生活中它是制作玻璃、钙片等的成分之一，工业上它又是塑料、橡胶、涂料、硅酮胶等行业用来降低成本的填料，甚至在医疗领域，也能看到它被用作抗酸药以中和胃酸、保护溃疡面，用于治疗胃酸过多、胃和十二指肠溃疡等疾病。

不仅如此，碳酸钙本身在自然界中的分布也非常普遍。珍珠、贝壳、蛋壳、大理石、石灰岩等各种物质的主要成分都是它（图5-9）。被誉为"自然界的鬼斧神工"的钟乳石现象也是它的功劳（图5-10）。钟乳石，又称石钟乳，是碳酸盐岩地区

图 5-9　贝壳

图 5-10　钟乳石

洞穴内在漫长地质历史中和特定地质条件下形成的石钟乳、石笋、石柱等不同形态的碳酸钙沉淀物的总称。钟乳石的形成往往需要上万年或几十万年的时间。在石灰岩里面，含有二氧化碳的水渗入石灰岩缝隙中，会溶解其中的碳酸钙。当溶解了碳酸钙的水从洞顶上滴下来时，由于水分（H_2O）蒸发，二氧化碳逸出，使被溶解的钙质又变成固体（称为固化）。这是由上而下逐渐增长而成的，因形状像钟乳，所以称为石钟乳；而另一部分则会在地面沉降。上部的碳酸盐沉降往往形成一个倒锥形的钟乳石，而地面上会形成形如其名的石笋。其化学反应方程式如下：

$$CaCO_3+CO_2+H_2O = Ca(HCO_3)_2 \qquad 石钟乳$$
$$Ca(HCO_3)_2 = CaCO_3 \downarrow +CO_2 \uparrow +H_2O \uparrow \qquad 石笋$$

想必大家都注意到了，在这些成员中都含有一种共同的元素，即金属元素钙。

钙是一种化学元素，它的化学符号是 Ca，原子序数是 20，是一种银白色的碱土金属，具有中等程度的软性。虽然在地壳中的含量也很高，为地壳中第五丰富的元素，占地壳总质量的 3%，但因为它的化学性质颇为活泼，可以和水或酸反应放出氢气，或是在空气中便可氧化[形成致密氧化层（氧化钙，CaO)]，因此，在自然界中多以离子状态或化合物形式存在，而没有单质存在。

由于水是很好的溶剂，天然水中常常溶解有各种盐类及有机物。工业上通常将含有较多钙离子（Ca^{2+}）和镁离子（Mg^{2+}）的水称为"硬水"，反之，则称为软水。由于含有钙、镁的酸式碳酸盐的水经过煮沸，其中钙、镁的酸式碳酸盐就会转化为不溶性的碳酸盐而沉淀，从而消除了水中的钙镁离子。这也是为什么水烧开后会出现水垢的原因。含钙镁离子越多也就是硬度越高的水，煮沸后的水垢就越多。中国人通常饮用煮沸过的水，除去了钙镁离子以及有关的重金属离子，因此是有益健康的。西方人则往往饮用冷水，有关人士分析这是导致西方人秃顶比较多的关键原因。使用硬水除了影响人体健康外，它还会在洗涤衣物时降低肥皂的去污能力，而且因为肥皂可以与水中的钙镁离子形成不溶性的脂肪酸盐，沉积在衣服表面成为难以洗去的顽渍；在锅炉使用中，硬水受热后在炉壁上产生难溶于水的沉淀，俗称"锅垢"，它可导致锅炉的传热变慢，甚至因为局部锅垢的脱落在传热面上造成"热斑"，致使受热不均而引起锅炉爆炸事故的发生。

为了降低硬水中钙镁离子的浓度，工业上采取了一系列"硬水软化"的技术。一种是化学软化，主要是在硬水中加入适当的化学试剂例如熟石灰等等。此外，在民用领域通过饮用水净水器的使用来进行硬水软化也比较普遍。主要采用的是活性炭吸附法或者离子交换树脂交换法来制作滤芯。缺点是吸附饱和或者离子交换达到一定程度后，滤芯需要进行更换。

看基德炫魔术

鸡蛋壳的主要成分为碳酸钙，我们可以用鸡蛋壳的化学特点做一些有趣的魔术。

鸡蛋变丑

魔术名称：鸡蛋变丑

魔术现象：鸡蛋上浮，表面附着许多气泡，鸡蛋变得"丑陋不堪"。

魔术视频：

扫一扫，看视频

【安全注意事项】本实验使用了盐酸这一腐蚀性物质，请操作时务必戴好防护手套，以免皮肤受伤。

追柯南妙推理

铃木老爷开了一家典当行，一天，一名高个子的男子来到店里，他表示在买卖的过程中，钱被盗了，只能来当掉传家之宝——珍珠。铃木老爷看到光亮硕大的珍珠，十分欣喜。两人很快谈好价钱，以一百万日元成交，并约好一个月内来赎。那人走后，铃木老爷觉得那人拿钱的神色紧张，这珍珠可能不是真的。据专家考证，珍珠用刀能刮出粉末，而琉璃只能刮出片！"果然用刀刮之后发现是琉璃！"铃木老爷十分吃惊也十分后悔。这时服部平次刚好路过，他想到拿回钱的办法："铃木老爷先借我二十万日元，我就能拿回那一百万日元！"

几天以后骗子果然回到当铺，交还了一百万日元……

服部平次是如何把一百万日元要回来的呢？

跟灰原学化学

那些年，我们一起记混的石灰名？请连线。

生石灰　　　　　　　氢氧化钙

消石灰　　　　　　　饱和氢氧化钙溶液

石灰石　　　　　　　氢氧化钙悬浊液

石灰浆　　　　　　　碳酸钙

石灰水　　　　　　　氧化钙

听博士讲笑话

化学版《青花瓷》

广东省台山市一位化学教师为了帮助学生理解记忆，提炼了各种化学元素的特征而创作的将《青花瓷》的歌词改为化学原理用词，并在课堂上激情演唱，此帖迅速风靡各大论坛、网站，成为网友尤其是中学生的最爱，不仅受到了学生们的欢迎，相关画面在网上传播后更让不少网友大呼"强悍"！

（金属离子相关）

蓝色絮状的沉淀跃然试管底

铜离子遇氢氧根 再也不分离 [$Cu^{2+}+2OH^- = Cu(OH)_2\downarrow$]

当溶液呈金黄色 因为铁三价

浅绿色二价亚铁把人迷

（石灰相关）

电石偷偷去游泳 生成乙炔气 [$CaC_2+2H_2O = Ca(OH)_2+C_2H_2\uparrow$]

点燃后变乙炔焰 高温几千几

逸散那二氧化碳

石灰水点缀白色沉底 [$CO_2+Ca(OH)_2 = CaCO_3\downarrow +H_2O$]

（苯相关）

苯遇高锰酸钾 变色不容易

甲苯上加硝基 小心 TNT

在苯中的碘分子紫色多美丽

就为萃取埋下了伏笔

（电化学相关）

电解池电解质 通电阴阳极

化合价有高低 电子来转移

精炼了铜铁锌锰镍铬铝银锡

留下阳极泥

（浓硫酸稀释）

稀释那浓硫酸 注酸入水里

沿器壁慢慢倒 搅拌手不离

浓酸沾皮肤立即大量水冲洗（如果是大量浓硫酸不可以，会放热。）

涂抹上碳酸氢钠救急

（生产实际，石灰相关）
甘油滋润皮肤 光滑细又腻
熟石灰入土地 酸碱度适宜
看酸红碱紫的试纸多么美丽
你眼带笑意

推理解答、习题答案

【推理解答】

　　服部平次用二十万日元大办酒席，宴请当业同行。席间，服部平次当众砸碎事先请人仿做的假珍珠，并告诫大家服部平次错把琉璃当珍珠被骗一百万日元。骗子也来到了酒宴，又想出鬼主意，明天去赎珍珠，朝他们要几千万日元都行。可是他万万没想到砸碎的不是他的假珍珠，他哑口无言，只好如数奉还一百万日元……

【习题答案】

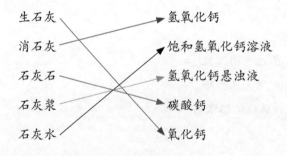

生石灰　　　　　　→　氢氧化钙
消石灰　　　　　　→　饱和氢氧化钙溶液
石灰石　　　　　　→　氢氧化钙悬浊液
石灰浆　　　　　　→　碳酸钙
石灰水　　　　　　→　氧化钙

魔术揭秘

魔术真相: 鸡蛋外壳由碳酸钙组成，与盐酸反应产生大量的二氧化碳气体附着于鸡蛋外壳。

$$CaCO_3 + 2H^+ = Ca^{2+} + H_2O + CO_2 \uparrow$$

实验装置与试剂: 烧杯，稀盐酸。

操作步骤: 将生鸡蛋放入稀盐酸中。

扫一扫，看视频

危险系数: ☆☆☆☆

实验注意事项: 本实验使用了稀盐酸等具有腐蚀性的物质，请操作时务必戴好防护手套，避免皮肤受伤。

6

指尖飞舞的璀璨：
宝石化学
——《柯南对战怪盗基德》

跟小兰温剧情

　　在上个章节里，我们了解到珍珠的主要成分是碳酸钙，然而珍珠不同于其他的碳酸钙物质，通常是白色或浅色，且有不同程度的光泽。简单地说，珍珠已经是一种名贵的宝石了。

　　在《名侦探柯南》中有一个让我们耳熟能详的名字——怪盗基德，他是一个充满传奇色彩的怪盗，专门以珠宝为目标的超级盗窃犯。他那优雅的高富帅形象迷倒了万千少女。下面就让我们一起跟随银翼魔术师，一起进入到他的璀璨游戏中吧！

　　在《名侦探柯南》动画片《柯南对战怪盗基德》剧集中，柯南的对手兼朋友——怪盗基德闪亮登场，接受了铃木园子妈妈铃木夫人的邀战，夺取黑珍珠 Black Star，意为黑暗之星。铃木夫人将珍珠做出数百个赝品送给宾客并将真品混入其中，自以为天衣无缝，结果还是被伪装成毛利兰的基德给偷走了。那么基德是如何准确判断珍珠真假的呢？

　　首先，基德注意到铃木夫人是戴上手套才从那个小盒子里把黑珍珠拿出来的。其次，铃木夫人佩戴的那颗珍珠并不夺目。于是基德断定铃木夫人身上的"黑暗之心"才是真品。

　　在《名侦探柯南》中，两个高智商的宿敌——主角柯南和怪盗基德的"斗法"

可谓精彩至极，我们也在观看动漫的同时欣赏了各种美妙璀璨的金玉珠宝。不得不说，正是因为有了基德，柯南才变得更加睿智；正是因为有了基德，柯南才能在如此多的困境中化险为夷；也正是因为有了基德，这部动漫才显得优雅而神秘。下面，我们就一起来学习各种璀璨宝石的化学知识吧。

 跟光彦学知识

宝石泛指所有能用作首饰和工艺品（即符合工艺美术要求）的矿物、岩石和某些生物质材料。宝石的美，在于其无与伦比的艳丽。大自然的鬼斧神工造就了数以万计的矿物与有机物，而人们也将其中最美的一部分归为珠宝。珠宝虽然不是生活必需品，却是人类身边最常见的"伙伴"，无论是一枚耳钉、一副戒指，还是简简单单的一条项链……

下面，我们来认识一下耳熟能详的钻石、水晶以及翡翠。

钻石

钻石是公认的宝石之王（图 6-1），英文名为 diamond。

它是指经过琢磨的金刚石，金刚石是一种天然矿物，是钻石的原石。简单地讲，钻石是在地球深部高压、高温条件下形成的一种由碳元素组成的单质晶体。人类

图 6-1　钻石

文明虽有几千年的历史，但人们发现和初步认识钻石却只有几百年，而真正揭开钻石内部奥秘的时间则更短。钻石是天然矿物中硬度最高的，相应的，其脆性也很高，用力碰撞仍会碎裂。它源于古希腊语 Adamant，意思是坚硬不可侵犯的物质。

钻石和金刚石并不完全等同，钻石是金刚石精加工而成的产品，现代科学技术、手段为探索钻石的形成提供了新的思路和方法。钻石是世界上最坚硬、成分最简单的宝石，它是由碳元素组成的、具立方结构的天然晶体。其成分与我们常见的煤、铅笔芯的成分基本相同。碳元素在较高的温度、压力下，结晶形成石墨（黑色），而在高温、极高气压及还原环境（通常来说就是一种缺氧的环境）中则结晶为珍贵的钻石（无色）。金刚石未经琢磨前虽然也有光泽，但不明显；而一经琢磨成钻石，便具有了很高的折射率和色散性，在光照下呈现霓虹灯般的七彩，光芒四射，美丽非凡。钻石的品质一般从颜色（Color）、净度（Clarity）、大小（Corat）、切工（Cut）四方面来进行评估分级，也被称为钻石的 4C 评估法。自古以来人们都把钻石视为无上至尊、璀璨生辉的稀世珍宝，并且也是纯洁和力量的象征。男婚女嫁常常选择钻石戒指作为赠品。

金刚石十分坚硬，除了制作钻石首饰外常用于制作工具，例如地质钻探的钻头，加工石材的刀具等，用途十分广泛。天然金刚石的产量有限，远远不能满足生产需要。因此，不少化学家试图人工合成金刚石。1954 年，美国通用电气公司采用高温高压装置，在 2500℃以及 10000 个大气压条件下，终于人工合成了金刚石。目前，人造金刚石工厂已经遍布世界各地，生产技术也不断改进，已经能生产出粒径超过 6 毫米，重量超过 1 克拉的金刚石颗粒。

世界上最大的金刚石原石发现于 1905 年的南非，重达 3106 克拉！当时宝石界行家就估计原石的价值高达 75 亿美元。由于南非当时是英国的殖民地，大家一致认为应把它运往伦敦，献给爱德华七世国王。这件举世无双的珍品引得世界各地的珠宝大盗想入非非，有关人员花了几个月的时间考虑如何保障运输安全。最后，伦敦警察厅决定，最佳原则是"越简单越安全"。大如茄子的钻石被装进一个没有任何标识的包裹里邮寄出去，一个月后出现在白金汉宫的皇家邮袋里。1908 年 2 月 10 日，这颗巨钻被劈成几大块后加工。加工出来的成品钻总量为 1063.65 克拉，全部归英王室所有。最大的一颗钻石取名为"库里南 1 号"，也被称作"非洲之星Ⅰ"，重530.2 克拉。第二大的被命名为"库里南 2 号"，重 317.4 克拉。现在鸡蛋大小的"非洲之星Ⅰ"被镶嵌在英王的权杖顶端，权杖上还有 2444 颗钻石。鸽子蛋大小的"库里南2号"被镶嵌在英王室最重要的"帝国王冠"上（图6-2）。

钻石的化学成分十分简单——只有碳元素，这一点和石墨极为接近，那么石墨究竟是什么呢，它和钻石究竟有何区别呢？

石墨是元素碳的一种同素异形体，每个碳原子的周边连接着另外三个碳原子（排列方式呈蜂巢式的多个六边形），以共价键结合，构成共价分子（图6-3）。由于每个碳原子均会放出一个电子，那些电子能够自由移动，因此，石墨属于导电

图6-2 "库里南2号"镶嵌的"帝国王冠"和"库里南1号"镶嵌的英王的拐杖

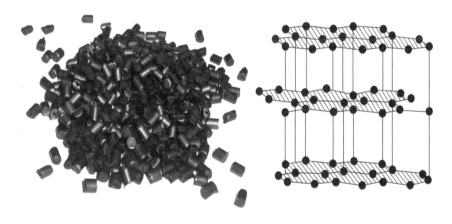

图6-3 石墨棒（左）和石墨的层状晶体结构（右）

图6-4　铅笔

体。石墨是最软的矿物之一，用来制造铅笔芯和润滑剂（图6-4）。

　　1564 年，一阵狂风吹倒了英国坎伯兰郡波罗谷附近的一棵大树，树根蟠结处露出了一堆墨色的矿物质——石墨。当地的牧羊人发现了石墨的一项用途——在羊身上画记号。不久，有眼光的城里人把石墨矿石切成细条在伦敦市场上出售，店主和商人都用它给货物做记号，所以叫作"打印石"。这种"原始的铅笔"画出的印痕粗黑清晰。

　　1761 年，德国化学家法贝尔从卡斯塔斯尔煤矿采集了一些石墨矿石，将其研磨成粉末，用水洗去杂质，获得了纯净的石墨粉，经过种种试验后，法贝尔终于发现，在石墨中掺入硫黄、锑和树脂，加热凝固后压制成的一根根"铅笔"，硬度合适，书写流畅，也不容易弄脏手，在这种铅笔外面裹上纸卷后，就可以拿到商店出售了。

　　1789 年，法国大革命爆发了，英国和德国对法国进行了封锁，没有了铅笔的来源，法国化学家兼发明家孔特奉命在法国尽可能采集石墨制造铅笔，但法国的石墨质量差，产量也不多，孔特费尽心思，终于在石墨中掺入一些黏土，一试效果出人意料的好，这种混合物变成了世界上最好的画笔，在石墨中加入不同性能的黏土，便可得到"硬铅笔"与"软铅笔"。在考试中经常使用的 2B 铅笔，含石墨量为 70%，含黏土约为 30%，H 铅笔则通常含黏土成分高于石墨成分，写出的字比较纤细而且颜色较淡。

　　孔特的铅笔和法贝尔的铅笔，都只有一根细条，很容易折断。1812 年，美国马萨诸塞州的一位木匠兼修补匠威廉·门罗让铅笔穿上了木头"外衣"。门罗在土场内装置机械制造出长 5~18 厘米的标准化木条，细木条中间用机器挖出一条刚好适合铅笔芯的凹槽，然后将两片同样开有凹槽的细木条中间嵌入一根石墨条，合起来用胶水粘紧。于是，第一支现代铅笔产生了。这支长 18 厘米的标准铅笔可以画 55 千米的线条，至少可以写 45000 个字，而且削了 17 次后还剩下 5 厘米长的笔头。

在门罗铅笔诞生 100 年以后，有人认为它浪费木材，其结果导致了日本人早川德次在 1915 年发明了一种能够把铅笔芯反复推出的铅笔，它就是如今广泛使用的活动铅笔的原型。现在多达三百多种的铅笔世界令人眼花缭乱。

石墨和钻石的化学组成是一致的，但性质却差了十万八千里，在化学中，这种现象叫作"同素异形"。石墨的分子结构为平面状，而钻石则是三角锥状（图6-5）。不同的结构竟能造成如此大的区别，这便是化学世界的魅力所在！

钻石的价格昂贵，因此有不少不法商贩造假仿制，那应该怎样鉴别钻石的真假呢？这里就有两种简单的鉴定方法：第一种叫滴水鉴定法，将钻石的上部小平面擦拭干净，用牙签的末端蘸一滴水滴在它上面，真钻石上的水滴会呈现中等程度的小圆水滴形状，假钻石上的水滴则会很快散开；另一种叫光性鉴定法，真钻石具有单折光性，有光芒四射、耀眼生辉的特征，放在手掌上则看不到手掌的纹路，以水晶等冒充的假钻石，其色散差、折射率低，透过水晶等可看见手纹。

相信大家对"钻石恒久远，一颗永流传"这个广告名句十分熟悉，它是著名的珠宝公司戴比尔斯所创造并注册的，也是世界上第一个以广告语作为注册商

钻石中的碳原子都是高超杂技演员

图6-5 钻石中的碳原子排列

标的珠宝公司。可以说，这句广告语淋漓尽致地表现了钻石坚不可摧、璀璨如星的美。

但是我们在佩戴钻石时也要注意尽量避免油污，因为它具有亲油性，当您佩戴首饰后油脂会余留在您的钻石上，令钻石的光泽变得暗淡，万一沾油，可以用清洗剂清洗或超声波清洗。有小碎钻的首饰尽量不要用超声波清洗，避免碎钻脱落。钻石首饰佩戴一段时间后，表面会有一层油污，经常清洗才能保持钻石的璀璨。

水晶

水晶（Quartz Crystal)是一种无色透明的大型石英结晶体矿物。其定性时间是 1824 年，由一位名叫弗里希·摩斯的奥地利矿物学家实验得出。它的主要化学成分是二氧化硅，化学式为 SiO_2。水晶呈无色、紫色、黄色、绿色及烟色等，具有玻璃光泽，透明至半透明（图6-6）。

图 6-6　蓝色水晶球粒

远在地球的地质生成时代，地球表壳几乎都是"无水硅酸"的化学物质，是一种似胶水黏稠状的无色物质，经地壳高温高压，使"无水硅酸"中的"二氧化硅"含量达到超饱和。随着地幔岩浆物质在侵入活动中沿着地壳薄弱处的上升，加之温度的逐渐降低，岩浆中的 SiO_2（即石英）在充裕的生长空间中慢慢冷却形成的石英晶体就是水晶了（图6-7）。

图 6-7　水晶（左）和水晶饰品（右）

水晶的生长条件主要有四个：第一，要有提供物质的热液，即富含二氧化硅的热液；第二，要有较高的温度(550~600℃之间)；第三，较大的压力(大气压力的2~3倍)；第四，须有生长时间(至少一万年以上)。具备这四个条件才可以生成水晶。所以你目前所拥有的天然水晶，无论美丑大小都是来自地球冰河时期之前所结晶的大地产物，距今都有亿万年的历史。当二氧化硅结晶完美时就是水晶；结晶不完美的就是石英；二氧化硅胶化脱水后就是玛瑙；二氧化硅含水的胶体凝固后就成为蛋白石；二氧化硅晶粒小于几微米时，就组成玉髓、燧石、次生石英岩等。可以说二氧化硅的不同也造就了水晶的千姿百态！纯净无色透明的水晶是石英的变种，化学成分中含硅46.7%，氧53.3%。水晶应避免与放射性物质接触，尽量避免接触热源。水晶在放射性照射(如X射线透视)下会变色，而紫水晶在加热时有可能出现颜色变淡的现象。

那如何判断是好的水晶呢？自然水晶在形成进程中，每每受情形影响总含有一些杂质，对着太阳时，可以看到淡淡的均匀微小的横纹或柳絮状物质。而假水晶多是回收残次的水晶碴、玻璃碴熔炼，电磨磨光加工、着色仿造而成的，没有均匀的条纹、柳絮状物质。此外，如果将水晶放在一根头发丝上，人眼透过水晶能看到头发丝双影的，则为自然水晶，主要是因为水晶具有双折射现象。

目前世界上有一家公司以专门生产精致的水晶而闻名于世，它就是施华洛世奇！1895年，由丹尼尔·施华洛世奇于奥地利始创，是世界上首屈一指的水晶制造商，每年为时装、首饰及水晶灯等工业提供大量优质的切割水晶石。时至今日，该集团的全球雇员共有一万四千二百余人，在世界各地有超过四百间水晶轩，其中上海便有近三十间。2007年，该集团的营业额高达十六亿一千万欧元，业绩为全球同业之冠。同时，该集团也是世界上唯一一家以人造珠宝作为产品出售的公司，既保留了水晶的璀璨夺目，又将珠宝的成本降低，使之能走入更多中端消费人群，这种大胆的创新不得不令人敬佩！产品一直秉持着她本身的美好、圣洁和高雅，都凝聚着设计师的心血。

可爱精致的小熊物语，应当是其中较有代表性的一个系列，所有的小熊都是由多切面的水晶石组成，每一个角度都能反射出璀璨夺目的多彩光芒(图6-8)。

图6-8 小熊物语

翡翠

翡翠，虽然传入中国不过几百年，但如同后起之秀一般，以其绚丽的色彩和张扬的个性，迅速与传承了 7000 年的和田玉平分秋色。这一节，我们将着重介绍"无价的宝玉"。

"翡翠"的由来

翡翠（图 6-9），英文名称 jadeite，源于西班牙语 plcdode jade 的简称，意为佩戴在腰部的宝石，也称翡翠玉、翠玉、硬玉、缅甸玉，是玉的一种，颜色呈翠绿色（称之翠）或红色（称之翡），是在地质作用过程中形成的，主要由硬玉、绿辉石和钠铬辉石组成。

翡翠名称的来源有几种说法，一说来自鸟名，这种鸟的羽毛绚丽多姿，雄性的羽毛呈红色，名翡鸟（又名赤羽鸟），雌性的羽毛呈绿色，名翠鸟（又名绿羽鸟），合称翡翠，所以，行业内有翡为公、翠为母说法。明朝时，缅甸玉传入中国后，就冠以"翡翠"之名。另一说古代"翠"专指新疆和田出产的绿玉，翡翠传入中国后，为了与和田的绿玉区分，称其为"非翠"，后渐演变为"翡翠"。

翡翠的基本性质

翡翠属辉石类，主要化学成分为硅酸铝钠 ($NaAlSi_2O_6$，宝石矿中含有超过 50% 的硅酸铝钠才被视为翡翠），常含有 Ca、Cr、Ni、Mn、Mg、Fe 等微量元素。对于"人养玉，玉养人"的说法，是因为这些有益的微量元素可通过佩戴经皮肤而被人体吸收，滋养肌体的缘故，当然这种滋养作用是比较微弱的；而玉经常与皮肤接触，也可附着一些皮肤分泌的油脂，从而变得鲜亮了。翡翠从矿物成分上来说以硬玉为主，次要矿物有绿辉石、钠铬辉石、霓石、角闪石、钠长石等。翡翠的硬度很高，达到 6.5~7，并且坚韧耐磨。

图 6-9　翡翠挂件

珠宝市场上的优质翡翠大多来自缅甸北部山地雾露河（江）流域的第四纪和第三纪砾岩层次生翡翠矿床中。它主要是在喜马拉雅造山运动时期地壳运动，有关缅藏板块出现大量断裂从而出现了硬玉矿床母体的缘故。原生矿翡翠岩主要是白色和分散有各种绿色色调及褐黄、浅紫色的硬玉岩组成的，除硬玉矿物外，还有透辉石、角闪石、霓石及钠长石等矿物，达到宝石级的绿色翡翠很少。

翡翠的翠绿色主要是其内含有万分之几的三氧化二铬所致。翡翠除绿色最可贵外，还产生蓝、黄绿、蓝绿、紫、红、黄、黑色等，它们的致色元素大多为铁、锰、钒、铁等。但这几种致色元素对铬所产生的绿来说，是有害元素，对绿色调产生致蓝致灰的影响。

单从颜色好坏等次之分上讲，祖母绿色、翠绿色、苹果绿色、黄秧绿色为最上等。以下依次为蓝绿色、紫罗兰、红翡、黄绿色、黄色、蓝色、灰蓝等。四五种颜色的翡翠饰品称五彩玉，也十分少见。但这色彩一定要与翡翠的绿及好的水种结合起来，并要少杂质和裂绺才能价值连城。颜色是评价翡翠的第一因素（图6-10），好的颜色要达到的标准是：浓、阳、正、均。

翡翠纯正度六级分呈表

颜色	偏黄	稍黄	正绿	稍蓝	偏蓝	偏灰
对价值的影响	35% ~ 40%	5% ~ 10%	0	25% ~ 30%	60%	80%
外观	有明显的黄色混入	肉眼能感觉到一些黄色	最纯正的绿色	肉眼能感觉到一些蓝色	有明显的蓝色混入，有油味	给人以暗而脏的感觉

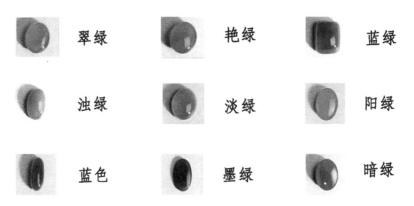

图6-10　翡翠纯正度六级分呈表与几种颜色的介绍

浓：指颜色的深浅，就翡翠的绿色来讲，浓度最好在 70%~80% 之间，90% 已经过浓了。

阳：是指翡翠颜色的鲜阳明亮程度，翡翠的明亮程度主要是由翡翠含绿色和黑色或灰色的比例来决定的。绿色比例多，颜色就会明亮，若含黑色或灰色多了，颜色就灰暗了，行家往往采取形象的方法来表示颜色的鲜阳。例如：黄杨绿、鹦鹉绿、葱心绿、辣椒绿，都是指鲜阳的颜色；而菠菜绿、油青绿、江水绿、黑绿，则指颜色沉闷的暗绿色。越鲜阳的翡翠，自然价值越高。

正：指色调的范围，根据主色与次色的比例而定，就是说要纯正的绿色，不要混有其他的颜色。例如油青中常混有蓝色，价值就会降低。

均：是指翡翠的颜色分布的均匀度。翡翠的颜色一般分布都是不均匀的，如能得到颜色分布均匀的翡翠实在也不是容易的事。

市面上的翡翠一般分为 A、B、C 三个等级。翡翠的 A 货为纯天然翡翠，只需经过雕刻打磨即可。翡翠的 B 货，在翡翠加工过程中，经过了强酸腐蚀漂白、去劣存优处理，但其内部结构受到严重破坏，之后注入增透固结的胶质聚合物填补，称充胶货。另外，现在还有充蜡以及纳米级的铝质物、硅质物充填翡翠的。不管是优化翡翠还是充胶处理翡翠，实际上应定为破坏性处理翡翠，即 B 货。翡翠的 C 货，为染色翡翠。不管是酸浸漂白与否，充胶与否，凡人工加色的翡翠均称 C 货。

看图识宝

意大利 GUCCI 集团旗下的珠宝公司宝诗龙（Boucheron）出品了许多贵重的珠宝首饰、腕表和香水，其坚持品牌独特的传统内涵，成为大胆奢华的现代珠宝首饰的代名词。

图 6-11 中 的 这 款 项 链，是 宝 诗 龙（Boucheron）新 推 出 的 Gaité Parisienne 高级珠宝系列，以巴黎华丽的生活方式为设计灵感，刻画 19 世纪所谓"美好年代"(Belle Epoque) 时期的女性、代表场所、象征徽记等。

你能说出，它是由哪几种宝石贵金属制作而成的吗？

图 6-11　宝诗龙 LOE 项链

（答案：这款大型项链中心挂着一个缤纷多彩的花簇，镶祖母绿和钻石的树叶缠绕项链而下，色泽鲜丽，流动有如波光。花簇的花瓣色泽由浅而深：鲜红的红宝石、粉红蓝宝石、淡紫与深蓝的蓝宝石，止于一颗25克拉的长角阶梯切割蓝色蓝宝石。这颗令人炫目的蓝宝石坐镇项链中心点，令华贵至极的美感更加和谐。）

 看基德炫魔术

利用一颗鸡蛋，一根蜡烛就可以制造出一个巨大的水晶宝石！是的，你没有看错！

透视的鸡蛋

魔术名称： 透视的鸡蛋

魔术现象： 烧黑的鸡蛋入水后，一层透明的物质包裹着黑色的内核，仿佛一颗硕大的水晶球浸泡在水中。

扫一扫，看视频

魔术视频：

跟灰原学化学

水晶，冰清玉洁，灵气逼人，据说古希腊人在奥林匹亚山区发现它时，他们认为这是冰，是根据上帝的旨意变来的，所以把它称为KRYSTALLOS，意为"洁白的冰"。亚里士多德也提到过水晶，他认为水晶是经过很长时间演变来的，是冰的化石，将水晶取名为"晶体"。水晶就是二氧化硅（SiO_2），透明的石英结晶体。二氧化硅含水的胶体凝固后成为蛋白石；二氧化硅胶化脱水后就是玛瑙；当二氧化硅结晶完美时就是水晶。

问题：（1）大家知道1摩尔SiO_2中有几摩尔硅氧键吗？为什么？

（2）二氧化硅和碳化硅哪个熔点高？为什么？

 追柯南妙推理

穷困潦倒的农民发现了一块宝石，正好被牧师看到了，牧师欺骗他如果不把宝石给他，农民将会遭遇大灾难，并承诺一个月后归还，然而却没有归还，农民才发现宝石被牧师私吞了，于是告到目暮警官那里。

目暮警官问了牧师，到底有没有私吞。牧师说自己有三个证明人。"很好！马上把你的证人带来！"目暮警官命令道。目暮警官把五个人分别安排在不同的地方，分给每个人一块泥巴，然后说道："我从现在数100下，你们要把它捏成宝石的模样。"等到一百下结束后，目暮警官检查了每个人的泥巴。对牧师说道："大胆牧师，还不把你私吞宝石的经过招供出来！"目暮警官是怎么发现的呢？

 听博士讲笑话

拼富

一个晚会上，一位妇女正在大肆夸耀她的富有："我经常用温水清洗我的钻石，用红葡萄酒清洗我的红宝石，用白兰地清洗我的绿宝石，用鲜牛奶清洗我的蓝宝石，你呢？""我根本就不洗它们，稍微沾上了些灰尘，就随手扔掉了。"

推理解答、习题答案

【推理解答】

目暮警官让每个人捏出宝石的样子，农民和牧师都见过，当然都能捏出来，而那三个证明人都没捏出来，说明是牧师找来的伪证，说明宝石就是被牧师私吞的。

【习题答案】

（1）4摩尔。因为二氧化硅是原子晶体（向空间无限延伸），1个硅原子上连4个氧原子，1摩尔硅就连4摩尔硅氧键。

（2）碳化硅。碳化硅（与金刚石相似）晶体中，每个原子都能通过4个共价键与其他原子相连接。而在 SiO_2 晶体中，每个氧原子只通过2个共价键与其他原子相连接。4个共价键当然更稳固，事实也是如此，碳化硅的熔点约为2700℃（分解升华），而 SiO_2 的熔点为1723℃，沸点为2230℃。

魔术揭秘

魔术真相：鸡蛋壳上沾满了蜡烛燃烧过程中产生的黑色物质。这些黑色物质覆盖于鸡蛋壳表面后，形成均匀的附着层。鸡蛋放入水中，因为表面的黑色物质不溶于水，会对水产生隔离，因此形成一种光学折射，于是鸡蛋看上去就是透明的了。

扫一扫，看视频

实验装置与试剂：蜡烛，鸡蛋，清水，碗。

操作步骤：将鸡蛋用蜡烛烧至外壳漆黑后，放入盛有清水的碗中。

危险系数： ☆☆

实验注意事项： 1. 实验时需要使用火，请小心使用，以防出现火情。2. 实验时需要佩戴防护眼镜。

7

掌控生命的火焰：
燃烧化学与消防安全
——《通往天国的倒计时》和
《斯特拉迪瓦里小提琴的不和谐音》

跟小兰温剧情

在上个章节里，我们了解到许多晶莹璀璨的钻石知识，虽说"钻石恒久远"，但它其实是一种纯碳的物质，在高温下很容易被氧化，也很容易被火源点着，发生燃烧。说起火或者更专业的表达——燃烧，这实际上是人类历史上最早掌握的化学反应了，下面我们就结合《名侦探柯南》来回顾一下有关火与燃烧的知识。在《名侦探柯南》动画片（剧场版）《通往天国的倒计时》剧集中有一系列火灾情况，柯南等人在火灾现场处变不惊，顺利火场逃生，这也为我们在消防安全方面提供了不少借鉴之处。

在《通往天国的倒计时》中，少年侦探团一行人在露营回家的途中，顺道参观了一座位于西多摩市境内即将竣工的全日本最高的双塔摩天火楼。而这座摩天大楼的拥有者常盘美绪同时也邀请了毛利父女前来参加开幕典礼，与柯南一行人偶然会合，并一起参观了这座最具现代化的高科技双子摩天大楼。不久，第一个杀人事件发生了……而且，令人不敢相信的是，黑衣组织的成员也在大楼附近出现。原来黑衣组织已经发现组织背叛者灰原哀（原黑衣组织成员Sherry）的下落，想要通过炸毁大楼夺取灰原哀的性命。后来，大楼爆炸迭起，大火燃烧以及逃生场面惊心动魄！特别是小兰扎好安全绳抱着柯南跳楼，踢开玻璃窗火场逃生的场景以及利用炸弹爆炸冲击波飞车穿越双子大楼，最后危急关头柯南利用必杀技踢断了游泳池边的水晶尖柱，防止灰原哀被撞的场景给人留下极为深刻的印象。《通往天国的倒计时》是剧场版柯

南的巅峰之作，它也入选了日本最受柯南迷喜欢的十部剧场版之一，并且票
选高居首位。

那么，什么是燃烧？火与燃烧有什么关系？怎样才会造成火灾？爆炸是怎么回
事？如何实现安全顺利的火场逃生呢？下面，我们不妨来了解一下。

 跟光彦学知识

燃烧是可燃物跟助燃物（氧化剂）发生的一种剧烈的、发光、发热的化学反应，
是人类历史上最早掌握的化学反应，也是人类早期最伟大的发现之一（图 7-1）。
而火是物质燃烧过程中散发出光和热的现象，是一种能量释放的方式。火的应用，
在人类文明发展史上有着极其重要的意义。想象一下，在数十万年前的一天，天上
的雷火点燃了枯木，原始人发现熊熊燃烧的火焰释放着温暖——文明的火种就此传
播。当然，当时的人类不知道这一现象源自树木与氧气发生的剧烈燃烧反应。从
一百多万年前的元谋人，到五十万年前的北京人，都留下了用火的痕迹。人工取火
发明以后，原始人就此掌握了一种强大的自然力，促进人类社会的发展，最终把
人与动物区分开。早期的人类从自然界产生的火源中保留火种，后来学会钻木取火
或者通过敲击燧石的方式来主动获得火。学会用火使人类能够移民到气候较冷的地
区定居。火被用于烹饪较易被人消化的熟食，还用于照明、提供温暖、驱赶野兽等
等。考古学研究显示，人类在一百万年前就能有控制地使用火，亚洲地区的人类于
八十万年前就能自己生火，但约到四十万年前才普及使用火的技能。

图 7-1 燃烧

燃烧过程必须有"燃烧三角"——可燃物、燃点温度、氧化剂三项并存，缺一不可（图7-2）。"燃烧三角"促成了反应的产生，从而使燃烧持续。如果反应不能得到有效的控制，就造成了火灾。火灾是指在时间和空间上失去控制的燃烧所造成的灾害（图7-3）。

图7-2　燃烧三角

失去控制的火灾会给人们带来不可挽回的经济、财产损失，甚至带来重大的人员伤亡；在《名侦探柯南》中，许多犯罪分子就利用火灾，杀害受害人。不过，由于火就是一种燃烧的形式，如果切断"燃烧三角"的任何一个条件，燃烧就会终止，火就会熄灭，火灾就可以得到扑灭；这也就是灭火的原理。所以，真正面对火灾时，我们可以根据火灾的类型来选择该切断哪个条件以达到快速有效灭火的目的。

根据火灾的起因，一般把火灾分为五类，分别是固体物质火灾、液体物质火灾、可燃气体火灾、金属着火以及带电物质火灾。现代生活中比较常见的应该是可燃气体火灾以及带电物质火灾。

可燃气体遇到火源是非常容易着火的，天然气田通常会冒起冲天大火；在生活中，我们也常常遇到有可燃气体存在的情况，例如在汽车加油站要严禁烟火，此外，现在许多家庭中均使用煤气或者天然气，当我们遇到燃气泄漏等情况时，该怎么办呢？为了防止产生的静电引火，我们要注意不要开关任何电器也不要使用电话或者穿衣服，而是立即打开门窗通风，使燃气浓度降低，然后关上燃气的阀门，防止火灾。

生活中，我们也常常遇到静电的困扰，比如开门时被门把手电到，在《通往天国的倒计时》里，灰原哀就遇到了这样的困扰。于是，柯南提出了一个妙招，在开门前

图7-3　火灾现场

大着胆子"啪"地摸一下墙壁，或者开车门前摸一下地上的沥青，这样就不会被电到了！

现代社会已经离不开电，但是各种电器使用不当则很可能出现火灾，特别是使用"热得快"烧水，由于水烧干而引发火灾的情况在各大高校宿舍时有发生。其实，在遇到火灾时，最需要的就是我们的淡定，如果一味地慌张，反而什么问题都解决不了。

因此，我们一定要"四会"——会报警；会使用灭火器；会灭初期火；会逃生。

火警电话——119，这个救火电话众所周知，但是不要以为知道了火警电话就一定会报警，消防部门常常接到报警，但却因为报警人慌慌张张，描述得乱七八糟，无法明确地点，往往还出现出警后再也联系不到报警人的情况。正确的报警方法应该是待报警电话接通后，首先报出自己的姓名，再陈述火灾发生的地点，然后报上自己所用的电话号码，因为对方不一定能看到你的号码，接着尽可能清楚地陈述事件的发生原因，最后一定要记得，要等对方挂上电话，后再挂电话。因为对方可能会有了解不清楚的地方继续询问。如果火势还可以控制，我们要会使用灭火器来灭初期火。最常见的灭火器当属干粉灭火器了，这种灭火器的适用性非常广，价格也很便宜，因此，已基本占据了绝大多数的民用灭火器市场。干粉灭火器的主要灭火成分当然是干粉了，常见的干粉是磷酸二氢铵（$NH_4H_2PO_4$）。磷酸二氢铵在燃烧中吸热分解出氨气和磷酸，随后磷酸吸热分解生成 P_2O_5，$2NH_4H_2PO_4 = 2NH_3+3H_2O+P_2O_5$，每一步反应均是吸热反应，故有较好的冷却作用。$P_2O_5$ 形成玻璃状覆盖层，隔绝氧气灭火。

那么干粉灭火器应该怎么使用呢？其实非常简单，只需要拔除铅封拉环，左手握着喷管，右手提着压把，在距火焰两米左右的地方压下压把，左手拿着喷管左右摆动，让喷射干粉覆盖整个燃烧区域即可（图 7-4）。

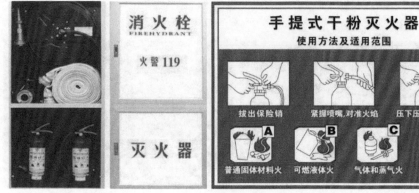

图 7-4　ABC 干粉灭火器（左）和手提式干粉灭火器的使用方法和适用范围（右）

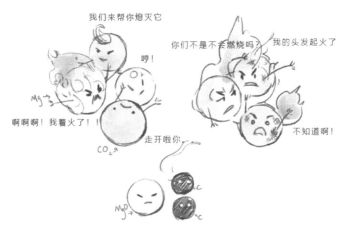

图 7-5　绝大多数灭火器的适用范围都不包括金属火灾

　　包括干粉灭火器在内的绝大多数灭火器的适用范围都不包括金属火灾，这是什么原因呢（图 7-5）？主要是因为 Mg 和 Na 等金属十分活泼，能和各种灭火器产生的 CO_2 发生反应，$2Mg+CO_2 \xlongequal{} 2MgO+C$。那么，遇到金属燃烧引起的火灾应该怎么办呢？常规灭火器确实不能用来扑灭这类火灾，但是有一个很好用也很便宜的灭火物质，那就是沙子！采用沙子将火盖灭十分地妥当。

危急时刻，火场逃生！

　　如果火势已经大到了无法控制的地步，那就别想了，赶紧逃生吧！

　　面对浓烟和烈火，被困人员应有良好的心理素质，保持镇静，不要惊慌，可考虑使用排水管或者绳索攀爬自救，不到万不得已，不要跳楼求生。

　　在《通往天国的倒计时》这一集中，小兰和园子一行人选择用电梯逃生是因为那部电梯使用的是独立电源，不会断电；而我们发现火灾后，为了阻止大火沿着电气线路蔓延开来，都会拉闸停电，有时大火也会将电线烧断，所以不要乘坐普通的电梯逃生，遇上停电就会困在电梯井中，上下不得，十分麻烦。同时，由于电梯井犹如贯通的烟囱般直通各楼层，有毒的烟雾很容易涌入电梯井，直接威胁被困人员的生命。通常，火灾时千万不要使用电梯，可使用人行楼梯离开火场。

　　在第 385 集《斯特拉迪瓦里小提琴的不和谐音》中，火势已经到了无法控制的地步，只能跳楼逃生。这时，柯南让毛利小五郎将面包车停在楼下，接着柯南用足球把窗户砸碎，然后利用车的高度减小跳下的距离，并使用面包车的车顶作为缓冲从窗口跳下。

现实生活中也有利用面包车生还的例子：2012 年 9 月 19 日晚，湖南长沙东方新世界小区一女子从 18 楼坠落在面包车顶，竟奇迹生还。面包车的左后方已全部凹陷，上面有一些血迹。左车门几乎要脱落了，后车窗全部破碎（图 7-6）；但万幸的是，面包车的缓冲作用救了伤者一命。

[长沙]东方新世界小区一女子18楼坠下压瘪面包车奇迹生还 患有精神疾病

时间：2012-09-22 13:14:03　来源：潇湘晨报　作者：原出

图 7-6　新闻截图（来源：潇湘晨报）

倘若一切逃生之路都已切断，跑到顶层等待大火被扑灭或者有直升机前来救援，这是十分可取的方法，或者暂时退到厕所或者厨房等小隔间内，关闭通向火区的门窗。可向门窗浇水，把房内一切可燃物淋湿，以减缓火势蔓延，并要注意用湿毛巾等掩住口鼻，以免火灾造成的烟雾窒息，要主动与外界联系，以便尽早获救。

在《通往天国的倒计时》剧集中也有好几幕火场惊险逃生的镜头，我们能不能去效仿呢？答案很明确：不能！

连接桥被炸，而后路又被大火所吞噬，在这危急时刻，小兰使用消防水管系在自己和柯南身上，从楼上跳下，并用脚踢碎楼下的玻璃，进入火灾以下的楼层逃生。

首先，在无路可退时在身上系上消防水管再往楼下跳而不是盲目跳楼这一点是可取的，但是楼层很高的时候，你有这样的胆量吗？你能一脚将玻璃踢碎吗？你和小兰一样是个空手道高手吗？

楼下已被大火吞噬无法逃生，柯南带着小伙伴赶到楼顶等待救援直升机，这时楼顶却突发大火，救援直升机无法靠近，而顶层又被安装了定时炸弹即将爆炸。在这危急时刻，柯南想利用停在顶层展厅里的汽车从顶层，冲向双子摩天大楼另外一座塔楼顶部的游泳池而逃生。这一提案却被灰原哀否定了，灰原哀利用平抛运动公式计算得出汽车还未冲到另一座塔楼就会坠落。但是柯南提出了一个好的想法，那就是利用定时炸弹爆炸的冲击波冲过去。事实也是如此，几个小伙伴通力配合，启动汽车，非常精确地利用爆炸，冲到了另外一座塔楼楼顶的游泳池中从而获救。

不过，利用爆炸冲击力开着汽车冲到对面大楼顶部的方法只能说技术难度太大了，你对时间的把控能那么精准吗？危急时刻你能这么淡定计算平抛运动吗？开车冲出楼层的玻璃等阻挡物你考虑到了吗？

图 7-7　火场逃生漫画

所以，在《通往天国的倒计时》剧集中，这几种火场逃生的方法基本上是剧情所需，给大家展示的几种极其特殊的情况下的办法。在现实生活中基本上是做不到的。同样被困于火灾中，有人葬身火海，有人却安然脱险（图 7-7）。除了客观上的原因，重要的恐怕就是各人的应变能力的差异了。一位哲人曾经说过："只有绝望的人，没有绝望的处境。"身处困境若能随机应变则会绝处逢生，化险为夷。对于我国缺乏消防逃生训练的广大读者来说，请你一定要熟记以上火灾中自救的方法。这会成为你在火场中的"避火真诀"，从而使你和家人有惊无险，绝处逢生。

 看基德炫魔术

自然界的燃烧除了雷电产生的火以外，火山喷发也是大家熟知的现象，但估计很少有人亲眼看过火山喷发的场景吧。

火山喷发

魔术名称：火山喷发

魔术现象：向装有黑色和红色固体的烧杯中滴入透明油状液体后，片刻可见有紫红色火焰喷出，紧接着就有绿色"火山灰"喷出烧杯。

扫一扫，看视频

魔术视频:

 追柯南妙推理

盛夏的一天，铃木老爷怕玻璃房里的名贵玫瑰被太阳烤坏，就拿出干草铺到里面，又在草上放了大量的冰块，温控系统也调到最低，到了22℃。

当天傍晚下起了小雨，越下越大，一直到天亮结束，气温又降了。他也趁着好天气去买点肥料。

当他回到庄园时被眼前的景象吓呆了，他的玻璃房被烧毁了！他大哭起来："天哪！是谁放的火？"当目暮警官带着警察到来时，除了铃木老爷的脚印，没发现其他的脚印。"奇怪了，刚刚下过雨，到处湿漉漉的，怎么会找不到脚印呢？"千叶警官说。

难道是幽灵？目暮警官突然发现玻璃房房顶有一圈圆形的凹槽，这些凹槽围绕着房顶边缘排开，非常整齐好看。"这是透水孔，是用来让房顶的积水流下来的。"目暮警官深思了一会说，"凶手找到了！"

凶手到底是谁呢？为什么会这样呢？

跟灰原学化学

　　燃烧是最常见的化学反应之一，下面就来看一个有关燃烧的化学物质推断题吧。有A、B、C、D、E、F六种物质，在常温下A是无色无味的气体，它可以由一种紫黑色的固体B加热分解制得，C在A中燃烧生成无色有刺激性气味的气体D，D能造成大气污染，E在A中燃烧，并生成一种能使澄清石灰水变浑浊的气体F，G在A中燃烧会产生大量白烟。根据以上现象，写出这几种物质的名称。

听博士讲笑话

从神舟九号发射成功中我们可以了解到什么？

　　2012年6月神舟九号发射升空后不久，大家欢欣鼓舞；不久，政治课期末考试，老师给大家出了一道开放式的考题：从神舟九号发射成功中我们可以了解到什么？

　　一化学达人在考卷答道：神九用肼作燃料，用双氧水作氧化剂，发生燃烧反应，产生氮气和水，并放出大量的热，从而推动神九达到预定轨道：

$$N_2H_4+2H_2O_2 = N_2\uparrow+4H_2O$$

推理解答、习题答案

【推理解答】

　　凶手就是这些圆形的玻璃凹槽。当玻璃凹槽在盛满雨水的时候，就变成了一面面凸透镜。太阳通过这一排凸透镜聚焦到干草上，引起了大火。

【习题答案】

　　分析：无色无味的气体A是本题的解题关键！E和C可在无色无味

的气体 A 中燃烧，A 为氧气（O_2），可由紫黑色固体高锰酸钾加热分解制得。有刺激性气味，且能造成大气污染的气体，为二氧化硫（SO_2）。使澄清石灰水变浑浊的气体为二氧化碳（CO_2）。在氧气中燃烧产生大量白烟的为磷（P）。

所以，A 为氧气，B 为高锰酸钾，C 为硫，D 为二氧化硫，E 为碳，F 为二氧化碳，G 为磷。

魔术揭秘

魔术真相： 高锰酸钾与甘油混合剧烈反应放出大量热，使重铬酸铵分解生成的固体残渣伴随生成的气体喷出。

扫一扫，看视频

实验装置与试剂： 高锰酸钾，重铬酸铵，甘油，烧杯。

操作步骤： 向烧杯中央堆放 5 克高锰酸钾，周围堆放 10 克重铬酸铵粉末。用长滴管滴加数滴甘油在高锰酸钾上。

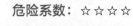

危险系数： ☆☆☆☆

实验注意事项： 本实验需使用甘油，甘油对眼睛、皮肤有刺激作用，请操作时务必戴好防护手套，避免皮肤受伤。此外，由于本实验过程中会放出大量的烟雾并产生刺激性气体，因此操作需要在通风良好的地方进行，并且使用量不宜过大。

8

揭开"鬼火"的神秘面纱：有关磷的知识
——《幽灵鬼屋的真相》

跟小兰温剧情

在上个章节里，我们了解到火与消防安全的知识；我们也知道火是需要可燃物的，但是在清代蒲松龄所写的《聊斋志异》中经常提及一种在墓地坟冢中飘荡闪烁，令人不寒而栗、毛骨悚然的火焰，也就是传说中的鬼火，似乎是不需要可燃物的。鬼火是怎么回事呢？下面我们就结合《名侦探柯南》动画片《幽灵鬼屋的真相》剧集来看看关于鬼火的知识。

柯南、小兰和小五郎在新出医院遇到了一位老先生音无芳一，在听他说完一套匪夷所思的鬼怪理论之后，便跟着他来到一栋据他所说经常闹鬼的恐怖旧公寓。在这栋公寓旁边，有一座因为建筑商自杀而停工的公寓，据说里面曾经多次出现红色蓝色的晃动鬼火。旧公寓正前方的公园则曾经有人发现一具女性的烧焦尸体，这让人毛骨悚然。当大家在旧公寓等鬼出现的时候，却被人催眠，全都睡着了。小兰被电视里的声音惊醒，回头却看见屏幕里一个女鬼对她大喊："滚出去！"小兰的一声尖叫划破了暗夜的静谧，至此蹊跷诡谲的事情接连发生：马桶里的水瞬间变为血色，窗外人影形状的熊熊燃烧的绿色鬼火晃动，这些究竟怎样解释呢？

后来，通过柯南的细心观察和严密推理，终于把凶手揪出来了。没错，凶手就是住在这栋公寓中那个长相最猥琐的家伙番町菊次！

女鬼的影像是他在自己房间播放、通过公寓的共同天线与遥控

扫一扫，观看本章
网络 MOOC 视频

95

在别人的屏幕上播出的。人影般的鬼火是他通过在纱窗上把雌蛾的激素涂抹成人影的形状以吸引雄蛾飞来拼凑而成的，蛾子自然按照激素排列成人影的形状。同时，蛾子带有荧光，翅膀又在扑闪，在屋内看起来就好像熊熊燃烧的绿色鬼火。而音无芳一老先生之前看见的隔壁公寓里红色蓝色的鬼火便是番町菊次同伙的烟头和手提电视所发出的光线。最终，正义总能战胜邪恶，两名逃窜四年的凶手被逮捕，幽灵鬼屋的闹鬼事件终于真相大白！剧中所谓的两种鬼火并不是真正意义的鬼火，而是犯罪分子的刻意模仿。

那么，鬼火到底是怎么一回事呢？

跟光彦学知识

酷热的盛夏之夜，当你耐心地去凝望坟墓较多的地方时，也许你会发现隐隐约约、忽明忽暗的蓝色阴森之光，好像是在躲躲藏藏地偷窥你，又会诡异恐怖地跟随你，吓得你毛骨悚然、落荒而逃……迷信的人们将这种神秘的火苗叫作"鬼火"，相传是死者的阴魂留恋人间，便在坟地徘徊不去。遇见鬼火通常是不祥之兆。

莫非这种匪夷所思的灵异现象真的是"阴魂不散"？这种鬼魅冷艳的蓝色火焰真的是来自阴间的"鬼火"？让我们暂且放下恐惧，用科学的逻辑慢慢解开"鬼火"的神秘面纱。陆游在《老学庵笔记·卷四》里提及："予年十余岁时，见郊野间鬼火至多，麦苗稻穗之杪往往出火，色正青，俄复不见。盖是时去兵乱未久，所谓人血为磷者，信不妄也。今则绝不复见，见者辄以为怪矣。"陆游在此指出，"鬼火"实际上是磷火，是很普通的自然现象。当人死后，埋在地下的躯体开始腐烂，同时发生着各种有机无机的化学变化。人体的骨骼里含有磷酸钙 $[Ca_3(PO_4)_2]$ 在缺氧情况下会转化为磷化钙（Ca_3P_2），磷化钙遇水后会转化为磷化氢（PH_3）。磷化氢是气态物质，燃点不高，容易与空气接触发生反应：

$$Ca_3P_2+6H_2O = 2PH_3+3Ca(OH)_2$$
$$PH_3+2O_2 = H_3PO_4$$

本来磷化氢不易与氧气发生自燃反应，但由于生成的磷化氢中往往又混有联膦 P_2H_4，而联膦的着火点非常低，常温下遇氧气即可自燃。微量的联膦自燃以后，产生

图 8-1 鬼火

的温度又引燃了磷化氢,于是产生"鬼火"的现象(图8-1)。盛夏天气炎热,温度很高,化学反应速率加快,磷化氢易于形成。这也是"鬼火"为什么多见于盛夏之夜的原因。

磷化氢以及联膦产生之后沿着地下的裂痕或孔洞冒出到空气中燃烧发出蓝色的光,这种"鬼火"的火焰并不明显,只有在晚间才会较易被察觉,但事实上在日间也会有,不过由于白天光线强烈,较难观察到。

那为什么"鬼火"还会追着人"走动"呢?大家知道,在夜间,特别是没有风的时候,空气一般是静止不动的。由于磷火很轻,如果有风或人经过时带动空气流动,磷火也就会跟着空气一起飘动,甚至伴随着人的步子,你慢它也慢,你快它也快;当你停下来时,由于没有任何力量来带动空气,所以空气也就停止不动了,"鬼火"自然也就停下来了。这种现象绝不是什么"鬼火追人",而是因为,当你移动时,脚周围空气的流速快、压强小,所以磷火在大气压强的作用下,就会跟着你走了。

此外,有人也发现"鬼火"并非每晚都可以看到,原来,磷化氢与联膦等化合物是无色有毒气体,难溶于水,因此,在雨后常常被雨水从土壤中排挤出来。中国夏季高温多雨,因此,我们可以初步推断,"鬼火"通常在夏季的雨后出现。

但是"鬼火"的这种磷火解释仍然疑点重重。按磷化氢燃烧的情况看,应该是连续不断地供给,而坟墓中的磷化氢气体是很少的,化学分解也是一个不连续的过程,所以持续的燃烧没有科学依据,更不可能出现火焰的移动方式了。现代科学也有研究,认为"鬼火"是来自于磷光,并不是来自于磷。磷光是一种缓慢发光的光致冷发光现象。当某种常温物质经某种波长的入射光(通常是紫外线或X射线)照射,吸收光能后进入激发态（通常具有和基态不同的自旋多重度），然后缓慢地退激发并发出比入射光的波长长的出射光（通常波长在可见光波段）。当入射光停止后，发光现象持续存在。简单而言，就是某种材料吸收了光后，把能量储存了起来，然后在一定条件下再把光放出来。在晚上周围环境比较暗的情况下，这种磷光比较容易被观察到。自古以来，中国就有夜明珠的传说，现实生活中，也确实有萤石（氟化钙）等物质吸收日间的光能后在夜晚释放磷光的情况。这些夜间发光现象有时候会被人误以为是"鬼火"在闪光。

此外，夏天是萤火虫活动的季节。米粒大小的小虫，尾部闪着荧光，萤火虫的尾部含有大量的荧光素，当萤火虫在夏天的晚上聚集在一起发光，有的时候还跟着人飞舞，也可能让人误解是"鬼火"。1957 年，美国化学家麦克艾利从萤火虫中分离出了发光的荧光素，几年后，另外一位化学家怀特用化学方法合成了它。原来，在萤火虫的尾部有一个发光的组织，内有发光的荧光素以及作为氧化剂的萤光素酶。当虫体有了充足的营养，就可以为发光组织提供足够的高能物质——ATP，即三磷酸腺苷，ATP 能使荧光素氧化并处于激发状态，于是就能释放出光子而发光。

随着科学的发展，利用荧光激发的原理，我们还制备出了夜里可以发光的"夜光表"，这样晚上无需开灯就可以根据指针来知道时间了。它为什么可以发光呢？人们把夜光表的指针与表盘刻度涂上了硫化锌类化合物。这种化合物在太阳或者灯光的照射下能吸收一些能量，当离开光源后就能发出淡淡的光。但由于它们的发光能力很弱，人们又往其中加入了一些能够提供能量的放射性物质，例如 ^{35}S、^{14}C 等，使夜光表的发光能力增强了。

"鬼火"被纳入科学探讨的课题大约只有 200 年的时间，"鬼火"现象还存在着很多疑惑和争议，也许随着科学研究的发展，以后对于"鬼火"会有更加详尽精确的解释，让我们紧跟着科学去探究自然的奥秘吧！

 随优作忆典故

小火柴，大学问

从前边的分析可以了解到"鬼火"的形成很可能与磷有关。磷（P）：第15

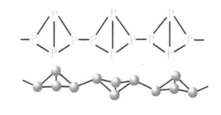

白磷　　　　　　　　白磷结构　　　　　　　　　　红磷结构

图8-2　白磷以及白磷和红磷的结构

号化学元素，处于元素周期表的第三周期、第ⅤA族（图8-2）。

在化学史上第一个发现磷元素的人，当推17世纪德国汉堡商人布兰德（Henning Brand，约1630—1710年）。他是一个相信炼金术的人，由于他曾听传说从尿里可以制得"金属之王"黄金，于是抱着图谋发财的目的，用尿做了大量的实验。1669年，他在一次实验中，将砂、木炭、石灰等和尿混合，加热蒸馏，虽然没有得到黄金，但却意外地得到了一种十分美丽的物质，它色白质软，能在黑暗的地方放出闪烁的亮光，于是布兰德给它取了个名字，叫"冷光"，这就是今日称之为白磷的物质。他宣布自己制得了"魔法石"（或者说哲人石，参见本书APTX4869与炼金术的章节），而且不让任何人进入实验室，并对炼制方法严格保密。布兰德发现的磷在黑暗中的绿光给人一种神秘之感，引起了欧洲王公贵族的兴趣，他们争相观看这种宛如仙境之火的实验。布兰德还被邀请到宫廷官邸去表演，由此发了大财，真可谓是点石成金啊。

后人推测，人的尿液中富含核酸等含磷化合物，经过发酵（细菌的分解作用）和加入石灰，可制得磷酸钙[$Ca_3(PO_4)_2$]。磷酸钙与炭一起加热便可能还原得到单质磷。布兰德所谓的"冷光"，可能就是纯度不高的白磷，它在空气中可以缓慢被氧化，部分能量可以以光能的形式释放出来，故在黑暗处能见到闪烁的亮光。

由于单质磷在空气中会自燃而发光，因此在英语中，磷来源于希腊语中的Phosphoros，原指"启明星"，意为"光亮"。而在中文里，磷的本义是薄石。

关于"磷"，你还知道多少呢？
让我们再来了解一个关于火柴的小小传说吧！
我们都阅读过丹麦童话作家安徒生写的《卖火柴的小女孩》（图8-3），你

图 8-3 安徒生童话《卖火柴的小女孩》

图 8-4 摩擦火柴

可曾注意到那时候，火柴不是一盒一盒卖的，而是论根计数的？还有，那时的火柴不是在火柴盒上擦着的，而是在墙上、鞋底上，或者其他较硬的物体上，一擦就着。它是 19 世纪初瑞典制成的摩擦火柴。

1816 年，法国人德鲁逊率先制成摩擦火柴（图 8-4），它具有小巧轻便的优点，很快就在各国流行开来。这种火柴头上涂有硫黄，再覆以白磷、铅丹（Pb_3O_4）或二氧化锰（MnO_2）及树脂的混合物。白磷，又名黄磷，它受热后容易熔化，在 40℃时就会起火燃烧。摩擦火柴利用摩擦产生的热，使易燃的白磷燃烧，接着在富氧物质（Pb_3O_4 或 MnO_2）存在的条件下，使硫也燃烧起来，最后引燃木棒。

但是人们很快就发现了摩擦火柴的缺点。由于白磷的燃点很低，在随便什么硬物上一擦就着，很容易造成火灾，很不安全。另外，白磷属于剧毒物质，人只要误服了 0.1~0.2 克就会死亡。当时，生产白磷火柴的工人们，由于经常接触白磷，普遍患上了磷性坏死病，最终被夺去宝贵的生命，所以不久之后，差不多所有的国家都禁止制造这种危险的火柴了。

1885 年，瑞典的伦塔斯脱路姆终于研究出了一种巧妙而简单的办法，才解决了这个难题。他没有像别人那样用预先配好的混合物作引火剂，而是把引火剂分成了两部分：氯酸钾蘸在火柴头上，红磷涂到纸条上贴到火柴盒两侧。火柴头只有在火柴盒的侧面摩擦时，才会点着。这种火柴既没有毒，又不易引起火灾，因此被人们称作"安全火柴"。从它问世后不久便畅销全世界，至今仍被广泛采用。1865 年，安全火柴传入我国，当时国人称它为"洋火"。1890 年，我国在上海开办了第一家生产安全火柴的火柴厂，从此结束了使用"洋火"的历史。

如果我们将白磷隔绝空气在 250~300℃下加热，它就转变为颜色红紫的磷，叫红磷（图 8-5）。像红磷、白磷和黑磷这种由同种元素组成的不同性质的单质，化学上叫作"同素异形体"，它们在原子结合的结构方式上是不同的。

图 8-5　白磷变红磷

　　白磷和红磷的区别在于着火点和毒性，白磷的着火点低于红磷，一般会在 40℃ 左右燃烧，而红磷要在 240℃ 左右才能燃烧；白磷有剧毒，而红磷几乎无毒。白磷在隔绝空气时加热至 273℃ 转化为红磷，红磷在隔绝空气时加热至 416℃ 升华凝结转换为白磷。红磷单质靠摩擦是不能起火的。但当它与氯酸钾混合后，却比白磷更易摩擦起火，发生燃烧与爆炸。

红色幽灵——赤潮与磷

　　"赤潮"，被喻为"红色幽灵"，国际上也称其为"有害藻华"，它是海洋生态系统中引起水体变色的一种有害生态现象（图 8-6），是由海藻家族中的赤潮藻在特定的环境条件下爆发性地增殖所造成的。赤潮是种传统说法，根据引发赤潮的生物种类和数量的不同，除红色外，海水有时也呈现黄色、绿色、褐色等不同颜色。

　　据研究表明，大量含氮、磷肥料的生产使用，以及大量城市污水特别是含磷洗涤剂产生的污水未经处理即行排放，进入水体后，水域中磷、氮等营养盐类，铁、锰等微量元素以及有机化合物的含量大大增加，导致水体富营养化，而水体富营养化则是赤潮发生的物质基础和首要条件，促进赤潮生物的大量繁殖，导致鱼虾等水生生物大量窒息死亡。赤潮检测的结果表明，赤潮发生海域的水体均已遭到严重污染，富营养化，氮磷等营养盐物质大大超标。因此，水体富营养化是赤潮的起因，赤潮是水体富营养化的结果。

　　那么，如何治理水体富营养化呢？最简单有效的办法莫过于减少或者截断大量含有氮磷元素的废水输入到天然水体之中。例如，禁止含磷洗涤剂的生产和使用，

图 8-6　赤潮（左）和赤潮的结果（右）

对城市污水进行净化处理，加入氢氧化钙等沉淀剂除去含磷营养盐，尽可能防止水体富营养化，消除赤潮的威胁。

磷化氢与老鼠药

本文提到"鬼火"产生的重要原因均与磷化氢有关，那实验室能否制备磷化氢呢？答案是肯定的。我们可以用白磷与氢氧化钾反应制取磷化氢。

为了避免生成的磷化氢在烧瓶中发生自燃现象，应预先将瓶中的空气除去，并充入氮气进行保护。当将烧瓶中收集到的磷化氢气体（其中往往混有联膦）用玻璃管引出并逸入空气中时，磷化氢气泡就会发生自燃，并在黑暗中发出艳丽的蓝绿色荧光。

磷化氢对哺乳动物均有剧毒，因此，可使用它来毒杀老鼠。由于磷化氢是气体，使用不便，因此，科学家合成了磷化锌作为老鼠药使用。磷化锌是一种深灰色或者黑色的物质，无气味，一般不溶于水和有机溶剂，所以可以直接将它拌入饵料中，用来毒杀老鼠。因为无气味，这样老鼠就不易辨别是否掺有毒药；不溶于水或者有机溶剂，那么就不容易被雨水或者食物中的有机溶剂带走，所以保存性很好，可长期起效。磷化锌毒杀老鼠的作用机制是磷化锌在鼠胃中与胃酸（HCl）反应产生磷化氢，然后再用磷化氢毒杀老鼠。由于磷化氢对哺乳动物是无差别的毒杀，因此，磷化锌制造的杀鼠毒饵应妥善保存和投放，以免被小孩以及猫狗等动物误食，从而造成严重的危害。

 看基德炫魔术

鬼火的产生有多种因素，分子中电子跃迁产生的荧光、磷光等都能成为鬼火产生的原因。

荧光实验

魔术名称： 荧光实验

魔术现象： 用绿光分别照射两种溶液时，一种溶液中出现黄色荧光，另一种溶液出现红色荧光。用红光分别照射两种溶液时，不出现黄色荧光和红色荧光。

扫一扫，看视频

魔术视频：

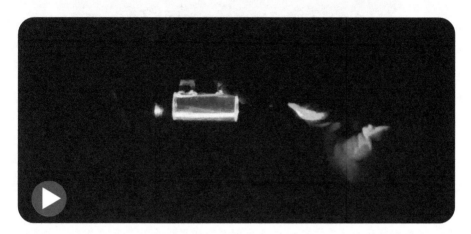

追柯南妙推理

青山达也被杀，目暮警官放出消息："已在死者身上找到凶手的指纹。"其实警方并没有发现指纹，这样宣称只是为了引蛇出洞。

千叶警官发现在众多打听的人中有个叫山本义元的人对此很关心，经调查，山本义元在磷肥厂工作多年。可是还未等询问，就听说他因为被黄磷烧伤住院了。山本义元自述：经过精制车间，发现黄磷冒烟就用双手捧起想往桶里放，结果烧伤了双手。可是，第二天他就被目暮警官下令逮捕。这是为什么呢？

听博士讲笑话

鬼火

在一个漆黑的夜里，一个人赶夜路，途经一片坟地。微风吹过，周围声音簌簌，直叫人汗毛倒竖，头皮发乍。就在这时，他忽然发现远处有一点红

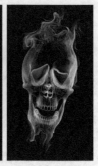

图8-7　鬼火

色的火光时隐时现（图8-7）。他首先想到的就是"鬼火"。于是，他战战兢兢地捡起一块石头，朝亮光扔去。只见那火光飘飘忽忽地飞到了另一个坟头的后面。他更害怕了，又捡起一块石头朝火光扔了过去，只见那亮光又向另一个坟头飞去。此时，他已经接近崩溃了。于是，又捡起了一块石头朝亮光扔去。

这时，只听坟头后面传来了声音："坑爹呢，谁呀？方便下都不让人拉痛快喽。一袋烟的工夫砸了我三次！"

推理解答、习题答案

【推理解答】

黄磷即白磷，作为磷肥厂工作多年的员工，应该早已了解黄磷的燃点和毒性，不会犯此低级错误，很明显是为了避免查出指纹而故意使用黄磷烧伤了双手。

魔术揭秘

魔术真相：绿光的能量较高，可使第一种有机物质吸收绿光发生能量跃迁，产生能量较低的黄色荧光，

扫一扫，看视频

使第二种有机物质吸收绿光发生能量跃迁，产生能量更低的红色荧光。产生的荧光与有机物质的吸收光性质有关。而红光能量较低，被有机物质吸收后无法激发出红色荧光和黄色荧光。

实验装置与试剂：红光激光笔，绿光激光笔，两种罗丹明的乙醇溶液，石英容器。

操作步骤：分别用两种光线照射石英容器中的罗丹明溶液。

危险系数：☆

实验注意事项：石英容器价格昂贵，切忌摔碎。激光笔不可以照射眼睛，很危险！

9

绽放在星空的魔术师：
烟花
——《复活的死亡讯息》

跟小兰温剧情

上个章节里，我们了解到那些在夜晚出现的神秘莫测的"鬼火"的化学知识，实际上在夜晚还有另外一种燃烧，璀璨美丽，被认为是绽放在星空的魔术师，这也就是我们这个章节要讲的烟花。让我们回顾一下《名侦探柯南》动画片《复活的死亡讯息》剧集，这是一个利用烟花巧妙杀人的事件。

　　小兰和园子受到邀请，带着柯南一同去滑冰场滑冰。滑冰的间隙，柯南、小兰在等着当地著名的烟花表演。这时园子去上厕所，却发现厕所门外挂着"清扫中"的信息牌。不久园子听到类似烟花升空的"咻"的声音，于是到窗口去看烟花，却什么都看不到。而在烟花正式开始的时候，佐野泉小姐及时赶到，和小兰、柯南一起看烟花。在此期间，园子在厕所发现了被杀害的千寻小姐。后来经过柯南的调查，终于查出犯人是试图利用烟花制造不在场证明的佐野泉小姐。她的手法是在放烟花之前不久，把日本的5元硬币拿到嘴边大力地吹，让其声音变大到有点撕裂的感觉，利用与烟花升起的"咻"的声音的相似性，用猎枪将千寻小姐残忍杀害，猎枪发射的"砰"的声音恰好模仿了烟花在空中绽放的声音，并在烟花正式开始前及时赶到柯南处，制造了杀人不在场的证据。但若要人不知，除非己莫为。佐野泉小姐冰鞋上留下血渍而被柯南破案。

扫一扫，观看本章
网络 MOOC 视频

《复活的死亡讯息》中的日本烟花璀璨美丽，而说到烟花的发源地，这毫无疑问应该在中国。关于烟花爆竹的发明，在民间有许多美丽的传说。其中流传最广的就是"爆竹祖师"李畋的神奇传说。相传在 1400 年前，唐朝都城长安附近经常听人说有人被山魈所害，连唐太宗李世民都被山魈惊扰得身心不宁，无法安睡。于是唐太宗下诏向全国求医。出生于湖南浏阳的李畋费尽苦心研制出爆竹，它不仅可以用来驱鬼避邪，保护一方平安，更为太宗驱镇邪魅。李畋救驾有功，因此被唐太宗封为"爆竹祖师"。

据史书及相关的文学书籍记载，在唐朝时就已经有了烟花的发明，在北宋宣和（1119—1125 年）年间，我国以火药为原料的烟花已发展成熟，有了大规模的成架烟火。而到了明清时期，我国爆竹烟花在民间已经很盛行，每到婚丧喜庆或逢年过节，人们都要燃放爆竹烟花，或表示庆贺，或祈求神灵祖先保佑全家顺利，万事如意。清咸丰年间，烟花鞭炮的年产量猛增，湖南浏阳以家庭作坊式大量生产烟花，烟花鞭炮已发展成大行业，素有"十家九爆之称"。浏阳也因此得名为"中国花炮之乡"。

国内烟花发展如此，那么国外烟花又是如何发展的呢？这就得从马可·波罗说起。

自从意大利旅行家马可·波罗于 1292 年从东方带回爆竹后，意大利人就喜欢并沉迷于烟花。在欧洲文艺复兴时期（1400~1500 年），意大利人开始把烟花当成一种艺术形式。因为文艺复兴是一个艺术和表现极具创造力的时期，所以很多极具艺术表现力的烟花在这个时期被发明出来。很快，整个欧洲大陆的国王们觉得在重大场合燃放烟花才能体现出他们的财富和权力，因此，燃放烟花在整个欧洲都有了很大的需求。

大约在 18 世纪 30 年代，烟花在英格兰成了公众性的燃放而不仅仅是皇室特有的娱乐方式。从那时开始，来自整个欧洲的人都会在大不列颠的游乐园看到令人惊叹的烟花燃放。从《美国独立宣言》发表的第二年也就是 1777 年开始，美国有了在独立日燃放烟花的传统并延续至今。当前，美国等许多西方国家都选择在国庆或者独立日以及元旦燃放烟花。大量的居民与游客都会选择在燃放烟花的季节聚集在燃放地来观看神奇的夜空美景。应该说大部分西方燃放的烟花都是从中国进口的，世界一流水平的烟花还是中国首创。

而说到当代的中国烟花，不得不提起的名字就是浏阳烟花，其影响之广使得美国燃放烟花标准实验所总裁罗杰士先生说："现在世界上没有任何一个国家的花炮能与浏阳花炮相比。"

　　浏阳烟花是驰名中外的湖南传统特产和主要出口商品之一，浏阳制作的烟花鞭炮，久负盛名，素有"烟花之乡"的誉称和"浏阳花炮震天下"的美名。浏阳花炮源远流长，到现在已经有了一千三百余年的悠久历史。浏阳烟花远销世界一百多个国家和地区，国际市场占有率为 60%，浏阳烟花曾为北京奥运会、上海世博会、伦敦奥运会等各种大型庆典提供令人惊叹的焰火表演（图 9-1 和图 9-2）。

图 9-1　2008 年北京奥运会开幕式

图 9-2　2010 年上海世博会

跟光彦学知识

烟花的一些性质

烟花如此美丽，那么它是如何绽放、怎么发出光来的呢？其实烟花和我们平常燃放的爆竹的化学原理差不多是一样的，点燃烟花后就会发生爆炸。与爆竹不同，烟花在爆炸过程中所释放出来的能量绝大部分会转化成光能呈现在我们眼中，烟花就这样产生了。

烟花的主要化学组成有黑火药和药球。黑火药主要是由75%的硝酸钾、15%的碳及10%的硫组成的，黑火药爆炸时的化学反应方程式为：$2KNO_3+3C+S = K_2S+N_2 \uparrow +3CO_2 \uparrow$。放烟花的时候会使用两组黑火药，第一组黑火药的目的是把烟火弹推到空中，第二组黑火药用来点燃药球。而每个药球里面有三种药品：氧化剂（过氯酸钾或氯酸钾）、燃料（如碳、硫、镁、聚氯乙烯等）、着色剂（金属元素或化合物）。

药球中最主要的就是着色剂了。它是金属铝或者其他金属的粉末。当这些金属燃烧时，会发出白炽的强光，中学化学学到的铝热反应就是其中的一种。着色剂中的金属化合物含有金属离子，如铁、铜、镁等。不同种类的金属化合物在燃烧时会发出不同颜色的光芒，化学里把这种现象称为焰色反应。烟花就是利用金属离子的焰色反应特性制成的。由于这些金属元素的原子在接受火焰提供的能量时，其外层电子将会被激发到能量较高的激发态。处于激发态的外层电子不稳定，又要跃迁到能量较低的基态。不同元素原子的外层电子具有不同能量的基态和激发态。在这个过程中就会产生不同波长的电磁波，如果这种电磁波的波长是在可见光波范围内，就会在火焰中观察到这种元素的特征颜色。每种元素的光谱都有一些特征谱线，发出特征的颜色而使火焰着色，根据焰色可以判断某种元素的存在（图9-3）。

在电影《渡江侦察记》中，有这样一段故事：侦察队完成了渡江侦察的任务以后，长江已经

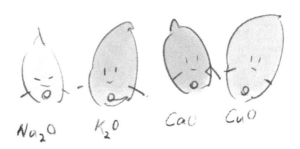

图9-3 焰色反应

被封锁，禁止航行，连长决定派一名战士游过长江去送情报，并约定情报送到后，升起三颗红色的信号弹。战士离去后过了不久，在长江的对岸就升起了三颗红色的信号弹，侦察队圆满地完成了渡江侦察的任务。制作红色的信号弹或者焰火少不了锶盐，因为锶盐在火焰中能够发出鲜艳的红光，这也是锶盐的焰色反应。此外，焰色绿色含有铜元素，焰色黄色含有钠元素等。因此，想要绽放的烟花呈现出什么颜色，只要加入相应的金属即可。

烟花燃放的同时会带来一些其他的影响，比如说烟花的三大效应：声响效应，气动效应，发烟效应。

下面会依次介绍这三大效应。

①烟花的声响效应。

如果把黑火药系列的药剂装在纸筒中，两头压上泥塞，在药剂上边再拉上一根引线，点燃后就会产生熟悉的哨子声或笛子声。如果把高氯酸钾和铝粉等物质混合后装在纸筒中，封闭得严严实实或者用几层纸条缠紧让它成为包状，用导火索点燃后就会产生爆炸声和耀眼的闪光。利用这些"声响效应"可制成很多部件，如哨子、笛子等，接着利用这些部件又可以变成许多种大小烟花和空中礼花，如小火箭的"响弹"，大型烟花的"百鸟齐鸣"，空中礼花的"雷鸣花开"等等。

②烟花的气动效应。

在药剂中加入燃烧反应剧烈、产生大量气体、有一定燃烧速率的成分，就可以制成能产生不同烟花效果的喷花、射珠、旋转、火箭、升空等类型的烟花，也可以制成各种花形图案的空中礼花。

③烟花的发烟效应。

因为在燃烧的时候，氧化剂和可燃剂反应放出很多的热量，让有机染料直接升华成蒸气，在大气中冷凝成为有色烟。比如加入酞菁蓝就可以获得蓝色烟；加入碱性嫩黄就可以获得黄色烟；加入烟雾红就可以获得红色烟；加入槐黄和次甲基蓝就可以获得绿色烟。

烟花其实很危险

别看烟花在天上神采飞扬，它的温度可是非常高。焰色反应有一个很严重的缺点，就是通常需要高温。所以，我们看到焰火晚会中的点点焰火，温度都是非常高的。一般在工艺中，我们使用金属可燃物来达到这样的温度，比如说铝、镁等。铝燃烧时放出的热量很多，甚至可以将铁熔化（熔点大约为 1500℃）。即使焰火的残渣掉到地面上时，内部温度也可以达到 300℃，绝不仅仅是"有点烫"而已。所以，规定一个安全距离是非常重要的。

在 2009 年 2 月 9 日 21:00 就发生了一起很大的烟花火灾，在建的位于北京朝阳区东三环中路的央视大楼配楼发生了特大火灾事故，火灾由不当燃放烟花引起，大火持续 6 小时，在救援过程中 1 名消防队员牺牲，6 名消防队员和 2 名施工人员受伤。建筑物过火、过烟面积达 21333 平方米，造成直接经济损失 1.6 亿元。直到现在，当我们春节期间路过这幢央视大楼附近时，各种宣传栏都贴满了此处严禁燃放烟花爆竹的告示，可谓是"一朝被蛇咬，十年怕井绳"！

烟花有很多危害，不仅有我们熟知的产生二氧化碳、一氧化碳、二氧化硫、一氧化氮、二氧化氮等气体及金属氧化物的粉尘，造成 PM2.5 超标，还会造成噪声污染，严重影响了环境卫生。烟花会给我们带来许多不安全因素，所以我们在燃放烟花的同时应该记住一些注意事项：抵制三无品牌的烟花；大人点火，小孩在远处观看；选择合适的地点燃放烟花；燃放烟花时，不得危害其他人的生命财产安全。

为了能让城市保持清洁，更为了杜绝在欢乐祥和的节日里发生火灾，每位市民都有义务选择合适、安全的地方燃放烟花爆竹，并于事后进行及时的简单清理——不要求每个人把现场打扫得干干净净，但把烟花爆竹的墩座放进垃圾箱却是举手之劳。

 伴园子走四方

那些年我们一起看过的橘子洲焰火

2010 年，长沙市第一次提出了推进城市国际化、把长沙打造成具有国际影响力的文化名城的目标，确立把旅游业打造成战略性支柱产业。于是从那时起周末到橘子洲来看烟花成为了众多长沙市民以及游客周末的保留节目。橘子洲周末焰火燃放承办单位是浏阳市政府，橘子洲周末烟花燃放盛事以"浏阳烟花"为品牌，以橘子洲为载体，把山、水、洲、城这一长沙独特的城市景观展示给国内外游客（图9-4）。这也是一次烟花行业的比赛，为"长沙市橘子洲周末焰火燃放暨中国·浏阳音乐焰火大赛"。

图9-4　橘子洲周末焰火

焰火燃放时间以长达一年为单位，是目前国内时间最长的烟花燃放活动，每年的5月至10月每周六晚上在橘子洲专用燃放场所燃放烟花，遇重大节日或天气原因作适当调整。冬、春季燃放时间为20:00~20:15，夏、秋季燃放时间为20:30~20:45，每场燃放时间为20分钟。周末到橘子洲看烟花已经成为长沙市民的一种重要活动，也正逐渐吸引着外地游客。

看烟花的各种记录

花费最高，时间最长：英国《每日邮报》报道，科威特10日花费1000万英镑举办了盛大的烟花盛会，长达一个多小时的烟花表演中，科威特点燃了大约77282支炫彩的爆竹。表演结束时，吉尼斯世界纪录的一位代表在科威特的一家电视台上宣布，该国因此创造了新的世界纪录。

燃放最高：2012年9月14日晚，在长沙首届自然生态博览会之灰汤温泉音乐会上，银达利烟花燃放了高80米、底部宽60米的11层高空动态瀑布造型的焰火，动态的水流，立体的展示，营造了一幅"飞流直下三千尺"的画卷。这是目前焰火燃放史上最高的瀑布，持续时间长达60秒。

文艺作品中的美妙烟花

这首由周杰伦作曲、方文山作词的《烟花易冷》深深地打动了不少人的心，而对烟花的阐述以及延伸更是深入人心：雨纷纷 旧故里草木深 / 我听闻 你仍守着孤城 / 城郊牧笛声 落在那座野村 / 缘分落地生根是 我们 / 听青春 迎来笑声 / 羡煞许多人／那史册 温柔不肯 下笔都太狠／烟花易冷 人事易分／而你在问 我是否还 认真。足以见得烟花已经融入流行音乐的氛围中。

确实，烟花易冷，只能是星空下的短暂灿烂，但即使短暂，也能迸发出最美丽的光芒，让人哀叹美丽永远是短暂的。在武侠小说中燃放烟花最经典的一幕是在金庸的《神雕侠侣》中神雕大侠杨过在襄阳城下为郭襄祝寿而燃放的烟花，冲上天空的是十个醒目的烟花组成的大字：恭祝郭二姑娘多福多寿，成为庆典的最高潮。虽然烟花只是短暂灿烂的，但留在年轻的郭襄心中的，却是永恒的美好。既然无法得到杨过的真情，她把这思念转变成自己对武学的执着追求，终生未嫁，并成为开创峨眉派的一代宗师。

应该怀疑金庸先生是从现代穿越的，能在几十年前就设想到冲上天空的烟花可以排布成不同的图案乃至文字。现阶段最著名的送上天空的烟花组合图案应该是北京奥运会所燃放的"奥运五环"，这种图案是通过利用调节烟花发射的高度、相互间的距离、点阵的方式组的图形而发射升空的。但就目前的烟花技术而言，现在顶级的烟花燃放公司也无法实现郭襄寿庆上那十个大字的图案。

看诗词猜烟花

大家来猜猜下面诗人写的诗词中，哪首是描述烟花的呢？

首先是来自大诗人辛弃疾的《青玉案·元夕》："东风夜放花千树，更吹落，星如雨。宝马雕车香满路，凤箫声动，玉壶光转，一夜鱼龙舞。蛾儿雪柳黄金缕，笑语盈盈暗香去。众里寻他千百度，蓦然回首，那人却在，灯火阑珊处（图9-5）。"

图9-5 众里寻他千百度，蓦然回首，那人却在，灯火阑珊处

然后是王安石的《元旦》："爆竹声中一岁除，春风送暖入屠苏。千门万户瞳瞳日，总把新桃换旧符。"

最后是李白的《送孟浩然之广陵》："故人西辞黄鹤楼，烟花三月下扬州。孤帆远影碧空尽，唯见长江天际流。"

大家判断出来了吗？其实前两首描绘的都是烟花，而第三首的"烟花三月"描绘的是繁花似锦的阳春三月的景色，当时烟花刚刚发明，远未得到广泛流传，因此，李白诗中的烟花并非现代的烟花。其中最混淆人的应该是第一首的第一句"东风夜放花千树"，没看后一句的时候我们会联想到挂在树上的元宵花灯，而后一句"更吹落，星如雨"非常形象地描述了烟花落地时的场景。这个应该不可能是元宵花灯，如果吹落星如雨，那可是要发生大火灾的！

 看基德炫魔术

烟花五颜六色地在天空绽放，星空灿烂的多彩浪漫也可以在手中绽放！

星光灿烂

魔术名称：星光灿烂

魔术现象：火焰之上，烟花绽放。

魔术视频：

扫一扫，看视频

追柯南妙推理

有这么一个推理题：工藤新一看到农场地上躺着几十只死掉的兔子，并且身上都贴着黄色胶带，胶带中间都有个拇指般大小的洞。新一见状连忙报警，兽医确定了是枪杀，死亡时间是昨天晚上，当天晚上农场还举办了烟花节目。毛利小五郎找到了几个当天有可能是凶手的人，听了他们的讲述，工藤新一立刻知道了谁是凶手。

喂食人员（小王）：昨天晚上，我给它们喂完食就回去睡觉了，没注意其他的。

灌水人员（小明）：昨天晚上，我给兔子们灌水喝，忽然想起有烟花可以看，就让小恭帮我看着兔子。

除草人员（小恭）：昨天晚上，我在割草，看到兔子圈里黄黄的一片，蹦蹦跳跳，接着就去看烟花了。

跟灰原学化学

烟花的主要成分是氧化剂、还原剂、着色剂，下列配方合理的是：

A.KNO_3/C/S

B.$KClO_3$/KNO_3/S

C.$Sr(NO_3)_2$/KNO_3/Mg-Al 粉

D.$Ca(NO_3)_2$/KNO_3/Mg-Al 粉

听博士讲笑话

与烟花有关的笑话很多，下面就给大家说一个。几个纨绔子弟，都是十几岁左右的小孩，听人家说烟花之地很好玩就跑去喝花酒，谁知道刚到门口就发现他家的大人正在往外走，躲也来不及了，于是其中一个小孩急中生智地大声说："各位姐姐，听说这里是烟花之地，哪里有烟花卖啊？"之后，这个小孩就出名了！

推理解答、习题答案

【推理解答】

你知道答案了吗？下面是分析过程。根据除草人员（小恭）的供词，标签之前已经被贴上，而灌水人员（小明）并没有声称看到标签，所以凶手在这二人之中。假如除草人员（小恭）说了实话，那么灌水人员（小明）必定是凶手。假如灌水人员（小明）是凶手，他有两个选择：自己在岗时就贴上标签，或等所有人都走之后再贴。如果他选择第一种，那么他必须告诉警方自己来时兔子已经被贴了标签，否则除草人员（小恭）的证词（假如认定为真，无论如何不能冒这个险）必能让他坐实罪名，可他并没有那么说，说明灌水人员（小明）并不是凶手。所以凶手是除草人员（小恭），撒谎的目的是嫁祸灌水人员（小明）。

【习题答案】

CD。烟花有利用到焰色反应的，也就是着色剂，CD 中的 Sr、Ca 就是，KNO_3 是氧化剂，Mg-Al 粉是还原剂，且 Ca 是砖红色，Sr 是洋红色。

魔术揭秘

魔术真相： 不同金属的焰色反应各不相同。

实验装置与试剂： 20毫升塑料瓶，针，酒精灯，硫酸铜粉末，镁粉，还原铁粉。

操作步骤： 取胆矾粉末、镁粉、还原铁粉各 1 克，混合均匀后装入塑料瓶，瓶底用针打一些小孔，然后在酒精灯火焰上方轻轻拍打塑料瓶，瓶中粉末燃烧产生彩色火焰，在火焰上方飞舞着白色和红色的星光。

扫一扫，看视频

危险系数：☆☆☆

实验注意事项：注意火种的使用。

10

传颂冰与火之歌：
甲烷与可燃冰的二重唱
——剧场版《绀碧之棺》

跟小兰温剧情

在上两个章节里，我们了解了神秘莫测的"鬼火"以及绽放在星空的魔术师——烟花，对燃烧有了更多的了解；那我们在日常生活中，该怎样更好地利用燃烧呢？在看过《名侦探柯南》动画片（剧场版）《绀碧之棺》剧集后，大家熟悉了剧中提到过的瓦斯、甲烷和可燃冰后，会对此加深认识。

毛利小五郎带着小兰、柯南以及园子，阿笠博士带着少年侦探团一起来到了海神岛旅游。这个小岛有着300年前的Anne Boney和Mary Read两个女海盗遗留下来宝藏的传说。当地也一直有着不少寻宝人想找到这个宝藏。在寻宝人美马的帮助下，柯南发现宝藏应该在离海神岛不远的赖亲岛附近，一行人终于找到了在一个地下洞穴里女海盗所藏的海盗船。但是船上却空空如也，并没有任何宝藏。此时地震发生，海水倒灌入山洞，情况危急，柯南利用摩擦使铁链带电并踢到洞顶，引起瓦斯爆炸，打破了山洞的顶部，让海盗船随着海水上浮出水面。海盗船因年代太久随即解体并沉入大海，不过幸运的是柯南一行人被安全救出。柯南发现的海盗船虽然解体了，但是他发现的另一个宝藏的意义比海盗的宝藏更重大！因为这是蕴含着大量能源的宝藏——可燃冰。

扫一扫，观看本章
网络 MOOC 视频

只要看过《绀碧之棺》的人，大家也一定还记得，柯南在地下洞穴快要塌陷的危急关头，利用必杀技大力地将铁链踢向洞穴顶部，铁链摩擦产生的火花引发瓦斯爆炸炸开洞穴，最后带领其他人逃生的惊险一幕吧？这就是利用可燃冰不断释放的甲烷比空气轻，聚集在洞穴顶部，在一定情况下遇火花发生爆炸的化学特性。下面，我们就跟着柯南一起来探索可燃冰与瓦斯、甲烷等的奥秘吧。

 跟光彦学知识

容易让人混淆的瓦斯

在《绀碧之棺》中，当那两个寻宝猎人带着小兰和园子从水下进入赖亲岛藏宝洞的秘道后，寻宝猎人总是逼迫小兰和园子在前面探路，这时由于风向的变化，洞中的密室会充满瓦斯，可使人窒息而死。另外，地震的发生使岩洞坍塌在即，柯南注意到岩缝喷出瓦斯，于是立刻想到了引发爆炸这个点子，最终上演了一场绝地逃生的好戏，将全剧推向了高潮。

看起来，瓦斯似乎既有致命性，又会引起爆炸，这到底是种什么东西呢？其实，瓦斯是英语 gas 的音译（此词先由日本译为汉字词"瓦斯"。在日语中，"瓦"读作 ga。借用后，此词即读作 wǎ sī）。而在英语当中，gas 这个单词在不同语境下有气体、汽油、毒气等的意思；当它传入中国而成了瓦斯之后，似乎也深得其语源的精髓——瓦斯实际上并不是只指一种东西,它是一般民众对气体燃料的通称，可分为液化石油气、煤气和天然气三大类（图 10-1）。

液化石油气，是由原油炼制或天然气处理过程中所析出的丙烷与丁烷混合而

图 10-1　液化石油气钢瓶（左）和天热气（右）

成的，在常温常压下为气体，经加压或冷却即可液化，通常是加压装入钢瓶中供用户使用，故又称之为液化瓦斯。它无色、无味、无毒、易燃、易爆，基于安全上的考虑，供应家庭使用的液化石油气都添加了臭味剂。臭味剂的成分种类繁多，味道也是多种多样的，不过宗旨只有一个：一定要令人"不愉快"！而其中最为著名的要数硫醇特别是乙硫醇，它以具有强烈、持久且具刺激性的蒜臭味而闻名。它还是2000 年版吉尼斯世界纪录中收录的最臭的物质，空气中仅含五百亿分之一的乙硫醇时（0.00019 毫克 / 升），其臭味就可嗅到，因此，通常被加入燃气等做臭味指示剂，一有漏气即可察觉。有趣的是，随着硫醇分子中碳链长度的不断增加，其挥发性就逐渐减小，因此，它的臭味也会减弱，甚至有些硫醇在浓度很低的时候还会散发出各种香味来。例如呋喃甲硫醇就具有烤肉的香味，甲基呋喃硫醇则有着咖啡的香味……

煤气，从字面意思上讲，就是与煤有关的气体，但是在不同的使用环境下，煤气则具有不同的解释：在石油化工中，煤气指干馏煤炭所得到的作为燃料的气体，其主要成分是氢、甲烷、乙烯、一氧化碳、石脑油，另外还有少量的氮和二氧化碳等不可燃烧的杂质，现在多称为煤制气。 此外，煤气有时也指上面说到的液化石油气，如煤气罐即是装液化石油气的钢瓶。

而俗语中一般所说的煤气，指的是煤炭不完全燃烧所产生的气体，其中含有二氧化硫等硫化物，因而会有煤气味；但主要成分还是一氧化碳，因而民间所说的"煤气中毒"即是一氧化碳中毒。一氧化碳的毒性在于，一氧化碳进入人体之后会和血液中的血红蛋白结合，但由于一氧化碳与血红蛋白的结合能力远强于氧气与血红蛋白的结合能力，进而使能与氧气结合的血红蛋白的数量急剧减少，从而引起机体组织出现缺氧，导致人体窒息死亡。因此，一氧化碳在古代甚至被用来处决希腊人和罗马人。而最早对一氧化碳的毒性进行彻底研究的是法国的生理学家克洛德 · 贝尔纳（Claude Bernard, 1813—1878 年）。在 1846 年，他让狗吸入这种气体，发现狗的血液"变得比任何动脉中的血都要鲜红"。现在我们知道，血液变成"樱桃红色"是一氧化碳中毒特有的临床症状。

天然气，则是古生物遗骸长期沉积地下，经慢慢转化及变质裂解而产生的气态碳氢化合物，其最主要的成分为甲烷，并含有少量的乙烷、丙烷、丁烷等碳氢化合物；此外，一般还含有硫化氢、二氧化碳、氮和水汽，以及微量的惰性气体，如氦和氩等，是一种清洁、优质的气体燃料。天然气与液化石油气具有大多数相同的特性，唯一相反的是，天然气比空气轻，所以漏气时易往上飘散。另外，在新闻中会偶然听到的"煤矿瓦斯"，它只是中国煤矿业的专业术语，其真身便是天然气。天然气是植物在成煤过程中会生成的大量气体，并保存在煤层或岩层的孔隙和裂隙内，故又称其为煤层气。

但是，对于与煤矿工作相关的人而言，他们则是谈"瓦斯"色变。因为当进行地下开采作业时，瓦斯由煤层或岩层内涌出，污染矿内空气，使人呼吸不畅；而且瓦斯和空气混合后，在一定条件下，遇到高温热源便会发生爆炸，导致矿毁人亡。因此，瓦斯爆炸与垮塌、透水一起，并称煤矿三大事故。通常，我们把在空气中瓦斯遇火后能引起爆炸的浓度范围称为瓦斯爆炸界限。瓦斯爆炸界限为 5% ~ 16%。当瓦斯浓度低于 5% 时，遇火不爆炸，但能在火焰外围形成燃烧层；当瓦斯浓度为 9.5% 时，其爆炸威力最大（氧气和瓦斯中的主要成分甲烷完全反应）；瓦斯浓度在 16% 以上时，便失去其爆炸性，但在空气中遇火仍会燃烧。

现在回过头去看《绀碧之棺》中的瓦斯，就应当属于天然气或者煤矿瓦斯一类了；同时，这也就能够解释剧中所展现出来的致命性和爆炸性了——自然中的天然气或者煤矿瓦斯虽然无毒，但是无色无味，所以哪怕在藏宝洞的密室中不断混入这些气体，室内的人也察觉不出来，但同时室内的氧气也越来越少，所以到最后室内的人就会窒息而死。另外，由于天然气或者煤矿瓦斯本身就有可燃性和爆炸性，因此能够被我们智慧超群的柯南瞬间发现并加以利用。

简单的烷烃——甲烷

天然气或者煤矿瓦斯其实都是混合物，它们最主要的成分都是甲烷。因此，是甲烷的性质决定了天然气或者煤矿瓦斯的性质。那么甲烷又是什么东西呢？

甲烷是一种化合物，它只由一个碳原子和四个氢原子构成，所以它是最简单的烷烃，也是最简单的有机物（图10-2）。除了天然气和煤矿瓦斯以外，甲烷也是沼气、

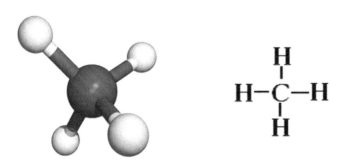

图 10-2　甲烷的球棍模型（左）和结构式（右）

坑道气、油田气的主要成分。甲烷在普通环境下为气态，无色、无味且无毒，但却可以燃烧（所以上面说到的天然气、煤矿瓦斯才有无色、无味、无毒、易燃、易爆等特性）。纯净的甲烷燃烧时会产生明亮的淡蓝色火焰，所以天然气灶和沼气灯喷出的火焰也呈淡蓝色。

甲烷不仅仅是优质的气体燃料，它还是制造一氧化碳、乙炔、氢氰酸及甲醛等许多化工产品的重要原料。尽管现在人类的工业文明已经发展到相当高的水平，但是在甲烷的生产方面，大自然则展现出人类无可比拟的力量。植物和落叶都产生甲烷，而生成量随着温度和日照的增强而增加；植物产生的甲烷是腐烂植物的 10~100 倍，经过估算认为，植物每年产生的甲烷占到世界甲烷生成量的 10%~30%。另外，有机物在无氧环境中，经腐败菌分解后，再经甲烷菌作用，即有甲烷生成。如纤维素在湖沼污泥中腐败分解生成的脂肪酸、醇，以及共存的二氧化碳和氢等，都能在甲烷菌的作用下最终生成甲烷。而这些在大自然的生命循环中形成的甲烷，很大一部分便成了天然气、煤矿瓦斯和油田气的来源。

正因为甲烷与生命活动有着如此的关联，所以天文学家们把甲烷看作是"在创造适合生命存在的条件中，扮演重要角色的有机分子"，而在探索地外生命的过程中起到关键作用。美国宇航局喷气推进实验室的天文学家，利用在地球轨道上运行的"哈勃"太空望远镜得到了一张位于狐狸座，距地球 63 光年的行星 HD 189733b 大气的红外线分光镜图谱，并发现了其中的甲烷痕迹。这是科学家首次在太阳系外行星上探测到有机分子，从而增加了确认太阳系外存在生命的希望。

不过，在控制温室效应方面，任由甲烷释放到空气中也不是一件好事。目前学术界的主流认识是，大气中的二氧化碳虽然可以透过可见光，但却不能透过红外辐射，于是二氧化碳就像一层厚厚的玻璃，使地球变成了一个大暖房，这就是温室效应（图 10-3）。形成温室效应的气体，二氧化碳占 75%，氯氟代烷占 15%~20%，此外还有甲烷、一氧化氮等三十多种气体。但是，别看甲烷所占的比例很小，据有关研究表明，以单位分子数而言，甲烷的温室效应却要比二氧化碳大 25 倍。这

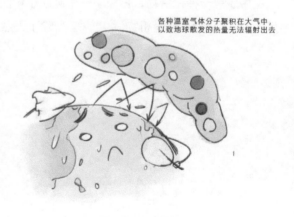

各种温室气体分子聚积在大气中，以致地球散发的热量无法辐射出去

图 10-3　温室效应

是因为大气中已经具有相当多的二氧化碳，以至于许多波段的辐射早已被吸收殆尽了；因此，大部分新增的二氧化碳只能在原有吸收波段的边缘发挥其吸收效应。相反，一些数量较少的温室气体（包括甲烷在内），所吸收的是那些尚未被有效拦截的波段，所以每多一个分子都会提供新的吸收能力。

大自然的杰作——可燃冰

还记得《绀碧之棺》剧情刚开始不久，海神岛观光课课长岩永城儿向柯南一行人介绍海神岛的时候，就提到附近海域的赖亲岛，说是三百年前由于地震的震动，使得海底的可燃冰层分解，从而引发了海底滑坡，使赖亲岛的一部分沉入了海中。那么，可燃冰又是什么呢？它与甲烷又有什么关系呢？顾名思义可燃冰为固态物质，其外表极像冰雪或固体酒精，点火即可燃烧。冰与火本身可以说是相互对立的东西，但是伟大的自然之力将两者在可燃冰身上完美地统一起来。

其实正如柯南在片中所说的，可燃冰严格来说应该叫甲烷水合物，主要成分是甲烷与水分子，是在低温和高压环境中，由水分子和甲烷结合成的笼状结晶体，其结构相当不稳定（图10-4）。在《绀碧之棺》中，柯南对可燃冰的描述相当形象："简单地说，你们曾用扑克牌搭过城堡吧，就像那样用水分子搭座城堡，在每个房间里放入甲烷一样。所以当温度上升或压力降低时，就会变得不稳定，（城堡）倒塌之后甲烷就被释放出来了。"当然，由于水分子本身构型的原因，由水分子搭建的"城堡"自然也是多种多样的。据科学家们研究，可燃冰的结构大致可分为三大类，共七大种之多。

分子式：$CH_4 \cdot nH_2O$

可燃冰：天然气与水在高压低温下形成的类冰状结晶

图10-4 可燃冰

可燃冰的形成途径有两种，一是气候寒冷致使矿层温度下降，加上地层的高压力，使原来分散在地壳中的碳氢化合物与地壳中的水形成气 – 水结合的矿层；二是由于海洋里大量的生物和微生物死亡后留下的遗骸不断沉积到海底，并分解成甲烷、乙烷等有机气体，有机气体钻进海底结构疏松的沉积岩微孔，与水形成笼状包合物。因此，可燃冰多存在于海底或陆地冻土带内。目前，全球可燃冰的分布明显呈现出受地理格局控制的特点，主要存在于世界范围内的沟盆体系、陆坡体系、边缘海盆陆缘，并且主要分布于海平面下 200~600 米的深度内。

其实，人们在历史上很早就发现了可燃冰。1778 年，英国化学家普利斯特里(Joseph Priestley，1733—1804 年) 就首次发现了这种物质，但当时他的发现并未引起人们足够的重视。直到一百多年以后，人们发现油气管道和加工设备中存在冰状固体堵塞现象，由此在世界上对可燃冰这一新能源产生了广泛的关注。继天然气水合物矿藏被苏联于 1965 年首次在西西伯利亚发现之后，各国也纷纷发现了可燃冰的存在，并着手对它进行了深入的研究（图 10-5）。自此，可燃冰的神秘面纱正被一步步地揭开。

可燃冰具有很高的经济价值，被誉为 21 世纪具有商业开发前景的战略资源，因为 1 立方米可燃冰相当于 170 立方米的天然气。估计全球可燃冰储量是现有天然气、石油储量的两倍；而且可燃冰可直接点燃，燃烧后几乎不产生任何残渣，污染比煤、石油、天然气都要小得多，因此，可燃冰被认为是 21 世纪能够解决人类能源危机的最具开发前景的新型能源。

目前，勘查可燃冰已发展出多种方法，包括地震探测、深海钻探、海底取样、海底微地貌勘查、海底电视摄像探测、海底热流探测、电磁探测以及流体地球化学探测等等。不过，相对于勘查而言，目前对可燃冰的开采仍处于试验阶段，主要的开采方法有加热法、减压法、添加化学试剂法、二氧化碳置换法和综合法。从天然气水合物的相平衡角度可以看出，升高水合物的环境温度、降低水合物所处的压力、通过化学方法改变相平衡曲线等都可以实现可燃冰的分解。以上开采方法各有

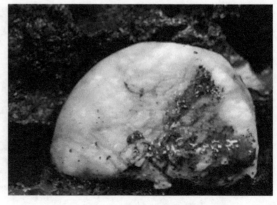

图 10-5　我国青藏高原发现的可燃冰

优缺点，但总体而言成本仍然太高，使商业化开采的难度大大增加。

但是，开发利用可燃冰也是一把双刃剑。开采可燃冰，首先可能导致大量温室气体排放，污染环境。可燃冰非常不稳定，在常温和常压环境下极易分解。这些冰球一旦从海底升到海面就会砰然而逝，导致甲烷气的大量散失。而这种气体进入大气，无疑会增加温室效应，进而使地球升温更快。其次，开采可燃冰极有可能引发地质灾害。可燃冰经常作为沉积物的胶结物存在，它的形成和分解能够影响沉积物的强度，进而诱发海啸、海底滑坡等地质灾害的发生（图 10-6）。8000 年前在北欧造成浩劫的大海啸，也极有可能是由于这种气体大量释放所致。《绀碧之棺》中的赖亲岛也是因为同样的原因而导致部分沉没的。

除此以外，令人闻风丧胆的"百慕大三角"也可能与可燃冰有关。"百慕大三角"亦称"魔鬼三角区"或"丧命地狱"（图 10-7）。相传，在这里航行的船只

图 10-6　大海啸

图 10-7　"百慕大三角"之谜

或飞机常常神秘失踪，事后不要说查明原因，就连船只和飞机的残骸碎片也找不到，有的时候失踪船只又神秘出现，一切船内陈设都如同船只失踪前，只是船内没有一个幸存者。对于传言，有科学家提出"可燃冰融化"的猜想。可燃冰在压力减小、温度升高的条件下，就有可能融化释放出甲烷。它升到海面上，会形成大量的气泡，从而产生"巨浪"；同时，海水的密度也会降低到 0.7 克 / 米^3 左右，大大小于普通海水的 1.03 克 / 米^3，行船经过这种地方，自然会沉下去。另外，大量甲烷涌出，会在海面上空形成空气对流，使氧气缺乏，令飞机发动机燃油燃烧受抑制，发动机失灵而使飞机坠毁。失踪船只神秘出现则可能是海水密度恢复后，由于自身的浮力，船重新浮出海面，而甲板上或者船舱中的人则被海水冲走，所以船内再无任何幸存者。

由此看来，可燃冰既是大自然对人类的馈赠，又像是大自然给人类的恶作剧——先让你尝点甜头，但在你想大口品尝之前，还得先让你解答难题。这正如可燃冰本身冰与火的本性，既矛盾，又统一。

看到这里，相信大家对瓦斯、甲烷和可燃冰有了一定的认识了吧。所有的东西都有优点和缺点，只要我们深入地去了解，就能够完美演绎瓦斯、甲烷与可燃冰的协奏曲，将这"冰与火之歌"永远地传颂下去！

 ## 看基德炫魔术

可燃冰是甲烷水合物，但是它一般不稳定，在常温常压下就分解了，我们一般拿不到也很难制备（需要高压），那我们能否利用简单的化学方法制备一些可燃冰呢？

可燃冰

魔术名称：可燃冰

魔术现象：溶液中析出像雪一样的固体，并且可以燃烧，产生蓝色火苗。

扫一扫，看视频

魔术视频：

追柯南妙推理

　　川口和中村住上下楼，但是两者发生了严重的矛盾，并且川口扬言要杀了中村。中村住在楼上。

　　第二天，中村发现楼下出现了救护车。法医测了测川口的心跳血压，摇了摇头，在川口的身上盖上了白被单。目暮警官得知他们之间有仇，就掀开中村的床，发现床下的楼板被割了一大块。原来，川口在中村不在家的时候，割下了床下的天花板。昨晚，川口乘中村睡着的时候，对准天花板的洞，打开了煤气罐。

　　众所周知，煤气应该从洞里源源不断地进入中村的房间里，最终把中村毒死。但是，中村安然无恙，而躲在浴室里的川口却因为煤气丧了命。

　　这是为什么呢？

跟灰原学化学

　　大家先来猜个谜语：似雪没有雪花，叫冰没有冰碴，无冰可以制冷，细菌休想安家。相信大家都猜到它就是干冰。它是固态的二氧化碳，是二氧化碳在 −75℃ 的结晶体，呈棉絮状或者叫雪花状。舞台上的烟雾效果以及人工降雨的过程都能用到它。干冰大家都很熟悉，最近，科学家们又发现了一种新的"冰"，它叫可燃冰，请大家结合所学的知识试着解决下面这个问题吧。

我国南海海底发现巨大的可燃冰带，能源总量估计相当于中国石油总量的一半；而我国东海可燃冰的蕴藏量也很可观……可燃冰的主要成分是水合甲烷晶体（$CH_4 \cdot nH_2O$）。请结合初中化学知识回答下列问题。

（1）下列说法中正确的是 _____ 。

A．$CH_4 \cdot nH_2O$ 晶体中的水是溶剂

B．$CH_4 \cdot nH_2O$ 的组成元素有三种

C．$CH_4 \cdot nH_2O$ 中 CH_4 和 H_2O 的质量比为 1∶1

D．可燃冰能燃烧，说明水具有可燃性

（2）可燃冰与其他燃料相比有什么优势？

听博士讲笑话

趣闻：放屁也要交税

由于新西兰政府认为，牛羊排放出的屁中含有大量甲烷，因此决定，自 2004 年起，凡饲养牲畜的农场主都要为牲畜排放的臭气缴税，即：家畜的"打嗝儿税""屁税"及"污物税"。

新西兰总人口约 400 万，而饲养的羊数则为总人口的近 10 倍。新西兰能源部指出，家畜在消化饲料过程中所排放的甲烷和一氧化二氮是其排放的二氧化碳的 21~310 倍，其温室效应十分强烈。新西兰家畜排放的温室气体占该国温室气体排放总量的 55％，这一指标在发达国家名列前茅。开征此税，是为了减少温室气体排放，以达到《京都议定书》规定的标准。

在西方还有一个用放屁来烧死巨人的故事，很久以前有一个邪恶的巨人，

到处抢夺各个村落，令人类十分痛苦，躲之不及。有一个聪明的孩子名叫阿南，他觉得不能眼睁睁地看着自己的村庄遭殃，要想想办法。他想到了吃红薯会放屁的事情。这一天，那个巨人来到了阿南的村庄，阿南主动拿出了大量的红薯饭、红薯饼来孝敬巨人。巨人吃得饱饱的，一直很胀气想放屁。当他放屁时，阿南拿出了火把来靠近，结果立刻产生了熊熊大火，巨人被烧死了。原来，巨人放的屁内含有大量的甲烷，属于可燃气体，火把靠近时发生剧烈燃烧，巨人被烧死也就不奇怪了。

推理解答、习题答案

【推理解答】

由于煤气密度比空气小，一般认为煤气应当在空气中向上飞。但是，煤气实际上是一氧化碳，分子量为28，与空气的平均分子量29比较相近。它在空气中并不是直线上升的。由于空气对流的影响，煤气首先在空气中扩散，然后和空气混合在一起。期待煤气在空气中笔直上升到楼上的川口先生却被煤气给惩罚了。

【习题答案】

（1）B。

A中，因为是纯净的结晶水合物，水是以结晶水的状态存在的，所以不涉及溶质与溶剂的问题，则A是错的。

C中，CH_4的分子量是16，H_2O是18，所以不是1：1，则C也是错的。

D中，可燃冰燃烧时，真正燃烧的是CH_4，而H_2O以气态的形式蒸发了，所以H_2O没有可燃性，D是错的。

B中，在$CH_4 \cdot nH_2O$中，因为是结晶水合物，所以要把$CH_4 \cdot nH_2O$看成是一种物质，是由C、H、O三种元素组成的。

（2）可燃冰因为主要燃烧成分是甲烷（CH_4），所以生成的物质是水（H_2O）和二氧化碳（CO_2）。由于不含SO_2、NO_2等空气污染物质，所以是环保的。而其他燃料，如石油，都会含有少量的 S、N 等元素，燃烧后会生成二氧化硫和氮氧化合物，会污染空气。而可燃冰的优势就在于不会造成空气污染。（注意：可燃冰虽然不生成 SO_2 等物质，但二氧化碳是温室气体，所以也不能无限制地使用。）

魔术揭秘

魔术真相：有机溶剂可以降低无机盐溶解度，使得原本饱和的醋酸钙溶液析出醋酸钙固体。固体酒精的主要成分是固体醋酸钙，因此这就是固体酒精可燃的原理。

扫一扫，看视频

实验装置与试剂：烧杯，无水乙醇（酒精），醋酸钙，玻璃棒。

操作步骤：20 毫升水加 7 克醋酸钙，制成饱和醋酸钙溶液，加到 100 毫升 95% 酒精中，边加边搅拌。

危险系数：☆☆

实验注意事项：无水乙醇易燃，实验时需注意。

参考文献

[1] 青山刚昌. 名侦探柯南. 长春：长春出版社，2002 年至今.

[2] 陆鼎一. 化学故事新编. 苏州：苏州大学出版社，2007.

[3] 寇元. 魅力化学. 北京：北京大学出版社，2010.

[4] 马金石，王双青，杨国强. 你身边的化学：化学创造美好生活. 北京：科学出版社，2011.

[5] Lucy Pryde Eubanks, Catherine H, Middlecamp, et al. 化学与社会. 段连运等译，林国强审校. 北京：化学工业出版社，2008.